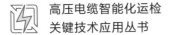

高压电缆智能化运检
关键技术应用丛书

U0158980

电力电缆
大数据分析及应用

主　编　王大为

副主编　尚英强　焦宇阳　李　斌

中国电力出版社

CHINA ELECTRIC POWER PRESS

内 容 提 要

为总结高压电缆及隧道无人化巡检、透明化管控、大数据分析等新型智能化技术装备应用经验，以数字化、智能化装备现场应用成效为抓手，全面指导高压电缆运维、检修、试验、状态监测等工作的开展，国网北京市电力公司电缆分公司全面总结提炼近几年国内外高压电缆专业运检管控成效，形成具有较高技术含量和较强现场指导意义的《高压电缆智能化运检关键技术应用丛书》。

《高压电缆智能化运检关键技术应用丛书》面向高压电缆专业运维、检修、监控、试验、状态监测、数据分析等相关专业人员，通过原理解析和操作流程教学，助力专业人员掌握高压电缆智能化运检理论知识及实操技能，促进电力电缆专业运检关键技术水平全面提升。

本书为《电力电缆大数据分析及应用》分册，共七章，分别为电力电缆设备大数据特点和面临的技术挑战、电力电缆设备大数据关键技术、同步多通道电力电缆设备时间序列状态监测数据特征选择方法、基于无监督学习的电力电缆接地电流模式识别、基于机器学习的电力电缆局部放电模式识别、电力电缆大数据分析技术应用案例、总结与展望。本书可进一步促进国内电力电缆大数据分析水平的快速提升，为专业运检人员开展电力电缆大数据分析应用工作提供翔实的理论基础和操作方法。

图书在版编目（CIP）数据

电力电缆大数据分析及应用/王大为主编 . —北京：中国电力出版社，2023.11
（高压电缆智能化运检关键技术应用丛书）
ISBN 978-7-5198-8449-9

Ⅰ . ①电… Ⅱ . ①王… Ⅲ . ①电力电缆—电力设备—监测—数据处理 Ⅳ . ①TM247

中国国家版本馆 CIP 数据核字（2023）第 244309 号

出版发行：中国电力出版社
地　　址：北京市东城区北京站西街 19 号（邮政编码 100005）
网　　址：http://www.cepp.sgcc.com.cn
责任编辑：赵　杨（010-63412287）
责任校对：黄　蓓　王小鹏
装帧设计：赵姗姗
责任印制：石　雷

印　　刷：三河市万龙印装有限公司
版　　次：2023 年 11 月第一版
印　　次：2023 年 11 月北京第一次印刷
开　　本：710 毫米×1000 毫米　16 开本
印　　张：10.25
字　　数：152 千字
印　　数：0001—4000 册
定　　价：74.00 元

编 委 会

前言

《高压电缆智能化运检关键技术应用丛书》紧扣高压电缆及隧道无人化巡检、透明化管控、大数据分析等新型智能化技术装备应用，以新一轮国家电网有限公司高压电缆专业精益化管理三年提升方案（2022～2024 年）为主线，以运维检修核心技术成果为基础，以数字化、智能化装备现场应用成效为抓手，以推动高压电缆专业高质量发展和培养高压电缆专业高素质技能人才为目的，全面总结提炼近几年国内外高压电缆专业运检管控成效，助力加快构建现代设备管理体系，全面提升电网安全稳定运行保障能力。

《高压电缆智能化运检关键技术应用丛书》共 6 个分册，内容涵盖电力电缆运维检修专业基础和基本技能、电力电缆典型故障缺陷分析、电力电缆健康状态诊断技术、电力电缆振荡波试验技术、电力电缆立体化感知和数据分析技术等。丛书系统化梳理汇总了电力电缆专业精益化运维检修的基础知识、常见问题、典型案例，深入理解专业发展趋势，详细介绍了电力电缆专业与新型通信技术、数据挖掘技术等前沿技术的成果落地和实践应用情况。

本书为《电力电缆大数据分析及应用》分册。电力电缆大数据分析及应用是当今电力行业的一个重要发展趋势。随着科技的进步和电力系统复杂性的不断提高，电力电缆的运行数据和监测信息不断增加，使得大数据技术在电力电缆的运行维护、故障诊断和预测方面具有重要的应用价值。电力电缆大数据分析技术旨在通过对大量电力电缆设备的运行数据进行深度挖掘和分析，提高电力电缆的安全运行水平，降低故障发生概率，节省检修成本，从而实现电力输配网的可持续、高效发展。

国网北京市电力公司电缆分公司为提升电力电缆智能化运检水平，在对大量电力电缆运行数据的分析中总结了经验。在故障诊断与预测方面，通过对大量的电力电缆运行数据进行深度分析，对用电负荷、本体温度、局部放电监测数据等因素进行分析，实现故障的预警和预测，有助于电力公司及时采取措施进行抢修，避免重大事故的发生，减少电力系统的损失。在运行维护优化方面，通过对电力电缆运行数据分析，可以帮助电力公司更好地了解电力电缆运行的实时状态，为运行维护提供数据支持，做到智能化电力电缆工作状况评级，实现电力电缆的运行维护策略优化，提高维护效率，降低运行成本。

本书共七章，主要内容包括电力电缆设备大数据特点和面临的技术挑战、电力电缆设备大数据关键技术、同步多通道电力电缆设备时间序列状态监测数据特征选择方法、基于无监督学习的电力电缆接地电流模态识别、基于机器学习的电力电缆局部放电模式识别、电力电缆大数据分析技术应用案例、总结与展望。

本书在理论上力求提供一份"系统、实际、够用"的电力电缆大数据分析技术参考。在编写过程中，充分汲取了国内外电力行业及其他工业领域的先进理念和实践经验，注重理论与实践相结合，便于读者理解和应用。

本书在编写过程中，参考了许多教材、文献及相关专家的研究结论，也邀请国家电网有限公司部分单位的同事共同讨论和修改，在此一并向他们表示衷心的感谢！由于编写时间和水平有限，书中难免存在疏漏和不足之处，恳请各位专家和读者提出宝贵意见，使之不断完善。

编　者

2023 年 10 月

目录

第一章
电力电缆设备大数据特点和面临的技术挑战

一、电力大数据源起背景

大数据（Big Data）是指数据量规模巨大、数据种类繁多、数据生成速度快、数据价值密度低等特点的数据集合。随着计算机技术、网络技术和数据存储技术的发展，各种传感器、监测设备和人工操作等都能够产生大量数据，这些数据对于电力企业蕴含着巨大的价值。但传统的数据处理和分析方法已经无法有效处理这些数据，因此，大数据的处理和分析需要借助先进的计算机技术、数据挖掘和机器学习算法等工具，以及分布式计算、云计算和人工智能等技术来支撑。

大数据的起源可以追溯到 20 世纪 80 年代，当时计算机和互联网技术开始蓬勃发展，数据量也开始迅速增长。在 20 世纪 90 年代，数据库技术和数据仓库技术逐渐成熟，企业开始大规模采集和存储数据，但仍然难以有效处理海量的非结构化数据。

21 世纪初期，随着谷歌等公司的推动，分布式计算（Map Reduce）框架和分布式计算技术开始流行，这使得处理海量数据成为可能，同时，云计算技术和存储技术的发展，让大数据的存储和处理成为了更加高效和经济的事情。

2008 年，分布式系统基础架构（Hadoop）的出现成为了大数据处理的重要里程碑。Hadoop 是一个开源的分布式计算框架，可以处理 PB 级别的数据，解决了海量数据处理的难题。此后，Apache Spark、NoSQL 数据库、机器学习算法等技术的发展和应用，也使得大数据的价值和应用逐渐显现。

当前，大数据已经广泛应用于金融、医疗、交通、电力、制造等各个领域，并成为经济发展和社会进步的重要驱动力。

在电力领域，电力大数据的快速增长和广泛应用，已经成为电力行业发展的重要推动力之一。智能电网建设和信息通信技术的广泛应用，为电力系统提供了更高效、安全、可靠和可持续的管理和运营方式。通过对电力设备、供需等各方面的监测和分析，电力大数据可以及时发现设备的故障和隐患，避免事故的发生，提高电力系统的运行效率，减少能源浪费和损失，优化电力资源配置，改善能源结构和环境保护，推进电力行业转型升级。

电力大数据的覆盖范围不断扩大，包括从发电、输电、配电、用电等各个环节的监测数据，以及电力市场、能源政策、环保政策等方面的信息，这些数据的获取频度也在不断提高。在数据处理和分析方面，电力企业已经开始应用新一代数据处理和人工智能技术，以实现对电力系统的智能化监测、预测和控制。通过对大数据的综合分析和处理，可以发现其中的潜在规律和价值，从而实现对电力系统的智能化管理和控制。

电力电缆设备作为电力系统的关键基础设施，其设计、运行、维护、检修全生命周期中产生的高维、海量、全周期、多类型数据具有电力大数据的典型特征，是电力大数据的重要组成部分，同样也是大数据分析发挥其用武之地的关键领域。

二、电力电缆设备大数据概况

电力电缆设备数据是指从电力电缆设备中采集和处理的大量数据，包括实时监测数据、历史数据、故障数据、维修记录等，这些数据涉及电力电缆设备的各种参数、状态和性能等信息，具有大规模、多样化、高维度等特点。通过对这些数据的采集、存储、分析和处理，可以了解电力电缆设备的运行状态、健康状况和故障信息，提高电力电缆设备的运行效率、可靠性和安全性。

电力电缆设备数据在以下几个方面都具有典型的大数据特点：

（1）数据来源方面。电力电缆设备大数据来源于各种传感器、监测系统、带电检测和维修记录，通过这些渠道收集到的数据可以反映电力电缆设备的运行状况、电力负载、电压、电流等各种参数信息。

（2）数据类型方面。具有多样化和复杂性的特点。多样化包括温度、电流、电压等多种数据类型，需要对应各类传感器进行采集和分析。复杂性，即监测信号通常是复杂的物理信号，且受到不同空间环境的影响，需要进行信号处理和数据分析。

（3）数据量方面。随着城市的发展，电力电缆里程快速增长，电力电缆设备大数据的量级巨大，每年产生的数据量以 TB 和 PB 计算，需要通过高效的数据存储、传输和处理技术来实现数据的高速度处理和分析。

（4）数据分析方面。电力电缆设备大数据的分析方法包括统计分析、机器学习、人工智能等多种方法，通过这些方法可以实现电力电缆设备的预测、维修和优化管理等功能。

（5）数据应用方面。电力电缆设备大数据的应用范围包括电力系统的设备管理、运行维护、安全保障、能源管理等方面，通过数据的应用可以提高电力系统的运行效率和可靠性，降低能源浪费和环境污染，推进电力行业的智能化和可持续发展。

随着 5G、云计算与人工智能技术的发展，未来智慧电网将实现全面连接与深度协同。大数据与人工智能技术也将助力电力电缆系统实现自动化监测、故障诊断、状态评估与智能控制等，这将带来电力行业的变革与重塑。

第二节　电力电缆设备大数据来源及获取方式

一、概述

电力电缆大数据的核心是服务于电力电缆的运行维护，因此，其数据采集和分析的对象就是以电力电缆为主体，以及环境、人员等相关因素。电力电缆设备大数据涉及的数据种类繁多，从对象来源、数据类型、获取方式等不同的维度出发，可以将电力电缆设备大数据进行不同的归类，这种多维度的视角也体现出了电力电缆设备"大数据"的特点。

从数据监测的对象来看，以敷设高压电缆的城市管廊或者电力隧道为例，现有的监测系统主要聚焦以下 3 个方面的对象并获取相应数据：

（1）监控电力电缆本体的状态。保证隧道内电力电缆不因过热、过载而发生故障，甚至演化为严重的运行安全事故。

（2）监控隧道环境的状态。由于隧道位于地下，地下水、雨污水等可能会流入电力电缆隧道，还可能会有一氧化碳、沼气等可燃有害气体堆积在隧道内，这些因素都会形成安全隐患。

（3）监控人员活动的状态。一方面，防止未经授权的人员私自进入隧道，从事盗割隧道电力电缆、接地铜排等非法活动；另一方面，也能够规范正常工作人员的巡检活动，提高工作水平，并能够在人员发生意外时及时发现和定位。

按照数据类型的不同，电力电缆设备大数据可以分为以下几类：

（1）实时监测数据。这些数据通常来自各种传感器，包括电流、电压、温度、湿度、振动等参数的监测数据，可以实时反映电力电缆设备的运行状态和健康状况，以及反映电力隧道内的环境。

（2）历史数据。这些数据通常包括过去一段时间内的监测数据、操作记录、故障记录等信息，可以用于分析电力电缆设备的运行趋势和变化。

（3）维修记录。这些数据包括维修的时间、维修方式、维修费用等信息，可以用于分析电力电缆设备的维修成本和效率，指导未来的维修计划。

（4）故障数据。这些数据通常包括故障发生的时间、原因、影响范围等信息，可以用于分析电力电缆设备的故障模式和频率，指导设备的优化设计和运行管理。

（5）负荷数据。这些数据通常包括电力负荷的变化、功率因数、电力需求等信息，可以用于分析电力系统的负荷特性和需求趋势，指导电力系统的规划和运营管理。

（6）其他外部数据。例如，电力系统中使用的地理信息系统（GIS）可以提供电力电缆设备的地理位置、管线路径等信息；环境、天气等数据，预防自然灾害等对电力电缆设备的影响。

按照数据的获取方式，电力电缆设备大数据的获取方式主要有以下几种：

（1）传统人工采集。通过人工巡检、记录、维护等方式进行数据采集。

（2）自动化采集。通过传感器、监测系统等自动化设备进行数据采集。

（3）云计算服务。通过云计算服务进行数据采集、存储和处理，实现数据的集中管理和共享。

（4）数据交换平台。通过电力系统内部或外部的数据交换平台，实现数据的共享和交换。

在以上几种获取方式中，电力电缆设备大数据是以基于传感器、在线监测系统的自动化采集为主，以定期人工带电检测为辅。电力电缆设备的监测系统通常包括多个传感器和监测设备，常见的有以下几种：

（1）温度传感器。监测电力电缆的温度变化，以便实时监测电力电缆的运行状态。

（2）湿度传感器。监测电力电缆周围的湿度变化，以便发现潜在的湿度问题。

（3）电流传感器。监测电力电缆的电流变化，以便判断电力电缆的负载情况和运行状态。

（4）电压传感器。监测电力电缆的电压变化，以便判断电力电缆的电压稳定性和电力质量。

（5）振动传感器。监测电力电缆的振动情况，以便发现电力电缆潜在的机械问题。

（6）光纤传感器。利用光纤技术对电力电缆进行监测，可以实现高精度的温度、应变和振动等参数的实时监测。

除了以上传感器，还有以下电力电缆设备特有的监测系统：

（1）局部放电监测系统。用于监测电力电缆的局部放电情况，以便发现电力电缆绝缘的缺陷和故障。

（2）磁场监测系统。用于监测电力电缆周围的磁场变化，以便发现电力电缆中的电流泄漏或地电位异常。

（3）地电位监测系统。用于监测电力电缆周围的地电位变化，以便发现电力电缆接地的问题和故障。

通过这些传感器和监测系统，可以实现对电力电缆设备的全面监测和分析，及时发现问题，提高设备的安全性和可靠性。

电力电缆设备大数据分析可以从以下 6 个方面开展：

（1）电力电缆运行状态监测与诊断。收集电力电缆的实时运行数据，如电流、电压、温度、接地电阻等，并与电力电缆正常运行参数进行对比，检测数据是否超出阈值，观察参数之间的关系变化，判断电力电缆是否存在潜在故障或异常。一旦监测到异常情况，可以及时报警，并诊断异常原因，以便进行维修或更换。

（2）电力电缆负载分析。统计和分析电力电缆过去 1 个月、3 个月、6 个月和 1 年的负载率数据，观察负载率的变化趋势和规律性，判断电力电缆是否存在长期过载或空载的情况。若长期过载，应适当提高电力电缆的规格或增加新建电力电缆来分担负载；若长期空载，应考虑减少或替换电力电缆。电力电缆负载分析可以为电力电缆规划提供重要依据。

（3）电力电缆故障预测。收集电力电缆过去 N 年内的故障数据，统计故障的类型、次数和周期性，建立电力电缆故障预测模型，利用实时运行数据推算电力电缆发生各类故障的概率和剩余寿命，以便进行预防性维护，减少故障对电网的影响。

（4）电力电缆寿命评估。统计电力电缆的制造日期、运行环境数据，如温度和负载率，以及历年来的维护保养记录，建立电力电缆寿命评估模型。输入实时数据，可以预测电力电缆的剩余寿命和更换日期，为电力电缆的续建或更换计划提供参考。

（5）电网拓扑分析。收集电网中各电力电缆之间的连接关系，将其映射为拓扑结构图。通过对拓扑结构的分析，可以判断电网结构是否合理，是否存在瓶颈链路，为电网改造提供理论支持。同时，也可以判断新增电力电缆的规模和布线路径。

（6）资产管理。建立电力电缆设施的资产数据库，记录各电力电缆的设备信息、技术参数、地理位置、维护历史等信息，实现对电力电缆资产的集中管理、监控和跟踪。资产信息的全面收集和更新可以为电网维护和电力电缆规划提供重要参考。

综上所述，电力电缆设备大数据分析从多个角度监测和评估电力电缆运行状况，可以实现对电力电缆的精准管理，提高电网运维效率，保证电网高可靠和安全稳定运行。

需要说明的是，电力电缆设备大数据的分类方式没有绝对的标准，同时，不同的分类之间也是相互交叉、互为补充的。下面以数据对象为依据，具体介绍不同对象的数据来源与获取方式。

二、电力电缆本体数据

在电力电缆本体的监控中，电力电缆温度、护层电流和局部放电是电力电缆监测的核心。

在电力电缆测温方面，欧美、日本等发达国家和地区在高压电缆的在线检测研究和应用上起步较早，从 20 世纪 80 年代开始采用多个温度传感器对电力电缆实现局部的温度检测，并且试验采用分布式光纤测温系统用于电力电缆整体的温度监测。20 世纪 80 年代末，英国约克（YORK）公司研发基于分布式光纤的测温传感器（DTS），推动光纤测温技术从研究层面走向实际应用层面。我国的电力电缆测温起步相对较晚，但是近年来发展迅速。

王萍萍等人针对大中城市地下电力电缆分布范围广、供电距离长的特点，采用低功耗单片机作为采集接头温度的终端，首先采用感应通信的方法沿着电力电缆将测量结果传至前置处理单元，再通过 GPRS 网络将测量数据传输至控制中心。接头测温技术的不足在于只能对电力电缆局部进行监控，而无法掌握电力电缆整体的情况。随着技术的进步，光纤测温成为替代接头测温技术的理想选择。

国网武汉高压研究院在国内较早将分布式光纤测温（DTS）技术应用于高压

电缆温度的在线检测，将基于光时域反射（OTDR）原理的分布式光纤测温传感器用于 220kV 高压电缆的远距离大范围测温，探讨了其在电力电缆隧道监控中应用的前景；为了改进基于 OTDR 的光纤测温技术的不足，国网武汉高压研究院与北京电力公司合作，进一步提出了基于光频域反射（OFDR）原理的分布式光纤测温技术，基本满足 110kV 以上高压电缆的测温需求。

随着分布式光纤测温技术的逐渐成熟，国内已经有许多公司开发出成熟的商用产品，并且投入实际使用。无锡亚天光电科技有限公司通过在隧道内安装 ATDTS 分布式光纤测温系统，能够实时监测隧道内电力电缆夹层的温度，尤其是电力电缆接头的温度以及隧道环境的温度，实现火灾监控及灭火联动，目前已经在国家电网、南方电网的多家分公司电力电缆沟、电力电缆隧道中实际应用。无锡布里渊电子科技有限公司的分布式光纤测温技术不仅用于电力电缆沟电力电缆测温，还应用于石化能源行业与交通隧道行业等。北京凯源泰迪科技发展有限公司、宁波东方之光安全技术有限公司、上海森珀光电科技有限公司、深圳太辰光通信股份有限公司等也都有各自的分布式光纤测温产品和电力隧道监控解决方案。此外，西安和其光电科技股份有限公司还开发出了全球领先的荧光光纤温度传感器。

护层电流（Sheath Current）是与电力电缆本体运行状态密切相关的另一重要因素。我国 110kV 以上的高压电缆多为单芯电力电缆，在绝缘层外有金属护套起保护作用。但是，电力电缆中通过的交流电会在金属护套上产生感应电动势，护套接地会产生护层电流，而护层电流会造成输电损耗，甚至会由于发热而发生事故。国内在电力隧道建设过程中已经开始考虑对护层电流的监测，国网山东省电力有限公司德州供电公司、国网北京市电力公司、国网山东省电力有限公司菏泽供电公司、国网山东省电力有限公司青岛供电公司等在新建电力隧道中均设置了护层电流监测系统，实现接地线被盗报警、接地点故障报警，以及绝缘监测等功能。

除了产品的研发和应用以外，国内外学者对如何利用护层电流分析判断电力电缆状态也开展了一些方面的研究。英国格拉斯哥卡利多尼安大学（GCU）的学者通过分析电力电缆接头故障的原因、机制和模态，利用接地环流分析了电力电缆互联箱进水和电力电缆接头绝缘失效两类故障,并在 1.5km 的 110kV 电力电缆上进行了仿真实验;提出了一种基于护层电流估计介质损耗的方法,通过估计介质损耗的相对三相泄漏电流的趋势判断电力电缆的绝缘情况;并且提出了一种基于护层电流实现分布式监控、外护套和接地状态监测,能够快速定位故障位置的综合监控方法。此外,也有学者提出了一种基于护层电流的两步故障定位方法,第一步采用桥接方法预定位,第二步基于跨步电压实现精确定位。

高压电缆在运行过程中,电力电缆部分区域发生放电,而并没有完全击穿的现象称为局部放电。局部放电会导致绝缘材料加速老化,最终击穿,造成事故,因此,对高压电缆进行局部放电检测对预防电力电缆故障具有重要意义。电力电缆在发生局部放电时,会产生包括振动、声音等一系列物理和化学变化,可以作为局部放电检测的依据。根据局部放电检测原理的不同,电力电缆局部放电检测的方法主要可以分为超声发射法和电磁耦合法,其中电磁耦合法根据使用传感器的不同,又可以分为电感型、电容型、方向耦合和金属膜等;如果根据测量信号频率的不同,则可以分为高频传感器(HFCT)测量法和超高频传感器(UHF)测量法。

国外从 20 世纪 90 年代末开始研究电力电缆局部放电的在线连续监测,并开展了应用实践。在我国电力隧道监控中,电力电缆局部放电的连续监测尚未普及,有相当比例的隧道仍然采用人工定期巡检的方式,但是已经有采用分布式局部放电检测的监控系统投入运营。近年来,我国学者也在电力电缆局部放电检测方面开展了理论研究,南方电网公司广东电网有限责任公司珠海供电局的廖雁群等人利用小波抗干扰技术研究了局部放电脉冲在电力电缆系统中的传播特性,进而用于评估电力电缆及电力电缆接头的绝缘状态。智友光电技术发展有限公司(中国香港)研究了基于超声、高频、超高频等不同传感器的局部放电检测方法,对这些方法在实际应用中的表现进行了比较,为选择合适的传感器提供参考。

除了检测技术的发展以外,基于模式识别的局部放电诊断算法也越来越受到重视。吉列尔莫・罗伯斯(Guillermo Robles)等人采用支持向量机提取局部放电的谱密度特征并用于分类,文卡特什(Venkatesh)等人采用基于概率神经网络的方法实现了局部放电数据的无监督聚类。国内也有学者采用雷尼（Renyi）熵设计了一种提取局部放电特征的算法，用于局部放电的检测和分类。

三、电力电缆环境技术

电力电缆环境虽然不是高压电缆能否正常工作的决定性因素，但是也与电力电缆的运营维护密切相关，主要表现在两个方面：

（1）恶劣的运行环境会成为电力电缆发生故障的诱因。例如，由于大雨等原因，可能会有水流进入电力电缆隧道，如果积水过深，可能引发电气设备短路。隧道中易燃性气体堆积可能引发火灾，更是威胁隧道安全的严重隐患。

（2）恶劣的运行环境会对人工巡检造成危险。例如，电力电缆绝缘材料老化、污水沉积物腐化、外界气体侵入等，都可能造成隧道内氧气含量过低或有毒气体含量过高，进而威胁进入隧道实施作业人员的生命安全。

目前，我国的电力电缆隧道在建设过程中已经对隧道环境进行了较为充分的监测。主要的监测变量包括隧道空气温度、湿度，氧气含量，一氧化碳浓度，甲烷浓度，硫化氢浓度和集水井水位等。在湖北省武汉市东湖龚家岭电力电缆隧道投入使用的有害气体监测系统，采用红外吸收型气体传感器监测甲烷、硫化氢、一氧化碳和氨气，采用氧气电化学传感器监测氧气含量，利用 RS485 总线通信，已工作两年多，运行稳定。上海市电力隧道监控系统对隧道内气体含量、积水、供电照明设备及火灾都实现了实时监控，并且实现了气体含量与通风系统、积水水位与排水系统、火灾预警与消防系统等的联动。国网山东省电力有限公司菏泽供电公司在实现电力电缆隧道环境监控的同时，还对风机的运行情况进行监控，实现风机的远程监测和控制。赖磊洲等基于 J2EE 框架开发了电力电缆隧道环境在线监测系统，并且采用改进的 BP 神经网络算法，用于系统的智能评估模块，提高了系统的智能性。除了传统的对气体含量、水位等环境指标的监控以外，黄楷焱等人考虑到道路下方的隧道可能由于长期的重载汽车碾压而存在坍塌的可能性，对隧道顶部位移的变化量进行监控，实现了对电力电缆隧道塌陷的实时在线监测。

四、人员活动数据

如前所述，人员活动监控的两大功能分别是防止人的不合规、不合法行为和保护隧道内人员的安全。目前，电力电缆隧道监控系统中相关的子系统包括井盖监控系统和视频监控系统。

井盖监控系统方面，国网北京市电力公司设计了井盖监控系统的详细技术指标，并且完善了井编码、井盖标牌、地理信息系统等井盖监控系统相关配套工作，利用电力通信网络传输井盖信号。上海世博 500kV 电力电缆隧道建设中采用电子井盖防止未授权人员的入侵，在每个井盖安装撬动传感器，主要出入口处安装外报警探测器，井盖口的下方安装防水型无线刷卡器，并且设置了入侵报警和控制器的联动，当井盖打开时，同时控制打开相应工作井的照明，并联动视频系统进行录像。国网山东省电力有限公司德州供电公司 220kV 香铁线电力电缆隧道安装了井盖状态传感器，当传感器感应到井盖状态变化时，会通过自动监控系统的软件平台向隧道运维人员发送短信。

视频监控系统方面，目前的电力隧道已经基本配备相关设备，并且在功能上有了新的扩展。国网山东省电力有限公司德州供电公司对电力电缆隧道内进行实时视频监测，对电气设备和隧道环境进行自动巡视。国网山东省电力有限公司菏泽供电公司的电力隧道监控系统在保证视频完整、清晰、可靠的同时，还增加了视频识别、边界告警（包括对警戒线、警戒区等的入侵自动检测等），并实现了相应的系统联动。国网山东省电力有限公司青岛供电公司的视频监控系统不仅具备传统的视频采集和存储等功能，还增加了移动侦测、联动分析等功能，用户能够预先设定警戒边界，当有异常对象跨越时，监控系统能够对可疑对象语音报警并且自动视频截图，将人盯屏幕转为自动触发报警模式。针对城市电力电缆隧道的需求，杭州海康威视数字技术股份有限公司开发了集软硬件和网络于一体的综合监控系统。其中，智能视频监控能对关键区域实施智能分析，通过行为分析和智能跟踪等方式实现监控报警，还能够基于智能侦测事件实现快速检索，方便事后回放。此外，该系统还具有自我诊断功能，能够通过轮巡方式检测视频设备本身的异常，提高了视频监控系统的可靠性和有效性，该系统已经成功用于国网上海市电力公司北京西路—华夏西路电力隧道。

第三节　电力电缆设备大数据特点

大数据的"5V"特征是指 Volume（数据量）、Varity（数据多样性）、Velocity（数据速度）、Value（数据价值）和 Veracity（数据真实性）。电力电缆设备大数据是大数据在电力电缆领域的具体呈现，其数据既有一般大数据所具备的上述共性特征，又具有多模态、时空性、非平衡等个性化的特征。

一、体量大

如前所述，电力电缆设备采用多种手段来汇集数据，电力电缆设备通常配备了多个传感器，用于监测电流、电压、温度、湿度、振动等参数。每个传感器都会不断地生成数据，随着设备数量的增加，数据量也相应增加。为了准确地监测电力电缆设备的状态和运行情况，传感器通常以较高的采样率采集数据。例如，局部放电波形数据的采样频率可能高达百万赫兹，导致数据量急剧增加。此外，为了进行历史数据分析、故障诊断和趋势预测等工作，电力电缆设备的数据通常需要长时间存储，以便后续分析和处理。这就需要大容量的存储系统来保存海量的数据。因此，长时间、多维度、高频率的监测数据不可避免地导致了数据规模的膨胀。

二、类型多

电力电缆设备的数据通常包括多个维度的信息，如时间、地理位置、设备类型、参数数值等，涉及结构化、半结构化、非结构化等诸多类型。具体可以分为以下几类：

（1）结构化数据，主要指设备的监测数据，如电流、电压、温度、接地电流等，这些数据量很大，但格式结构明确，比较易于存储和分析。

（2）半结构化数据，包括设备的检修记录、维保日志等，数据中包含结构化字段，但也有非结构化的文本内容，需要进行分类和信息抽取才能进一步分析，增加了难度。

（3）非结构化数据，主要是设备现场的图像、视频、音频等，这些数据信息丰富，但没有明确的格式结构，无法直接写入数据库，需要采用计算机视觉和语音识别等技术进行处理，才能转化为有用的结构化信息，这是一大难点。

（4）GIS 空间数据，电力资产管理还要收集设备的地理空间信息，如经纬度、高程、安装地址等，这需要与地理信息系统相结合，在空间上展现和管理电力电缆设备，这也增加了数据类型的复杂性。

（5）CAD 图形数据。电力系统还使用大量的 CAD 设备图纸，它们同样需要数码化和识别，抽取线路结构和设备信息，与监测数据和空间数据结合，方便进行综合分析，这也是数据类型中较为特殊的一类。

（6）元数据（Metadata），主要是设备的基础信息，如设备编号、规格、安装年份、制造商等，这些数据看似简单但数量众多，是进行数据关联和分析的基础，也是数据种类的重要组成部分。

综上，电力电缆设备大数据包含丰富多样的结构化、半结构化和非结构化数据，还有空间地理数据和 CAD 图形数据，以及大量的元数据，这使得数据的采集、存储和分析过程具有很高的难度，需要借助多种技术手段才能实现。这也是"类型多"这个特征的重要体现。

由于速度要求高和数据规模大，这使得电力电缆设备大数据平台建设难度较大，需要投入更多资源与精力才能完成。但是，建成后的系统可以使电网运维效率和安全性大幅提高，具有较高的应用价值，这也是下一阶段电网发展的必然方向之一。

三、速度快

电力电缆设备大数据速度快具有多重含义，在数据的采集、传输、存储、处理和应用等各个环节，无不体现出对实时性和响应速度的要求。

（1）采集频率高。电力设备通常采用 SCADA 和智能电能表系统进行监测，它们的采集频率可以达到每秒几十次，一天可以产生上百万条记录，这导致数据采集速度非常快。

（2）数据积累快。高频次的数据采集意味着数据积累的速度也非常快，每天一个中型变电站就可以产生 10TB 以上的数据，这要求存储与传输系统有很高的吞吐能力才能避免数据积压。

（3）变化快。电力负荷和运行状态变化很快，几秒钟内系统状态就可能发生变化，这要求对数据进行实时采集、传输和分析，以支持电网的快速决策，这也间接地要求数据分析的速度必须很快。

（4）更新快。输电系统不断更新设备和升级系统，产生的信息类型和格式也在变化，这要求数据采集和管理系统必须快速灵活地进行更新和升级，以适应新技术带来的数据变化，保证系统的实时性。

（5）响应快。电力系统可能随时发生故障或突发事件，这需要数据分析系统能够快速响应并提供决策支持，因此，从数据采集、清洗到分析应用，整个数据分析流程都需要具有较快的响应速度。

综上所述，电力电缆设备大数据"速度快"的特征体现在数据采集频率高、数据积累快、运行状态变化快，以及要求实时响应快等方面。这使得数据采集、存储、清洗、分析和应用等各环节都面临较大压力，必须利用自动化技术和并行计算等手段来保证系统的高性能。这也是大数据时代电力行业数字化面临的一个重点难题。

四、价值密度低

电力电缆设备大数据价值密度低的特点主要体现在以下方面：

（1）原始数据重复性高。电力设备产生的监测数据中，大部分都属于重复数据，如正常运行参数，这些数据量巨大，但信息价值不高，需要进一步分析与挖掘才能发现其中的异常与规律。

（2）噪声数据较多。来自现场的图像、视频和音频数据中难免会包含大量的环境噪声，需要进行过滤与降噪处理，这会导致有效信息的比例较低，从而导致数据整体的价值较低。

（3）时间相关性快衰减。电力系统状态变化很快，数据采集后不久其中的信息就会迅速陈旧，很难用于未来某个时刻的判断与决策，这也限制了数据的持续价值。

（4）空间相关性有限。不同电力设备的数据虽然属于同一系统，但其关联程度有限，大部分设备的数据难以直接用于其他设备状况的判断，这也降低了数据的价值。

综上所述，电力电缆设备大数据由于其自身特性，原始数据的价值普遍较低，包含较多的重复信息、噪声数据和瞬时信息，空间与时间相关性都较弱，应用范围也较为狭窄。这使得从海量低价值数据中提取真正有用信息，实现价值挖掘是一个较大的难题。需要利用大数据分析技术，如关联分析、聚类分析及预测模型等，来综合利用多源数据，过滤噪声与重复信息，发现数据间的内在规律，挖掘隐藏的数据价值，这是实现大数据驱动下的电力电缆监测运维智能化的基础。提高数据整体的价值与分析应用潜力，这也是电力电缆设备大数据研究的一大难点与方向。

五、多模态

为了满足电力系统运行在不同场景下的需求，电力电缆设备往往也需要多模式的工作能力，多工况、多模式的运行特点也导致电力电缆设备数据具有多模态的特点，具体包括以下方面：

（1）数据分布广泛。不同工况下，设备运行参数的分布规律和范围会发生变化，这要求收集更加全面和广泛的数据，才能涵盖各种工况，这增加了数据量的规模。

（2）数据关联复杂。在某一工况下，不同设备和系统的参数之间存在一定的关联模式，但在工况变化时，这些关联模式也会发生变化，这使得多工况下的数据关联分析难度较大。

（3）难以监测全面。设备的所有工况状态难以通过监测全面覆盖，总会存在一些新颖工况或新颖模态，这要求数据分析方法具有一定的推广能力，能对未出现过的新颖工况进行合理判断。模型训练难度大。

（4）时变系统动态切换。工况的快速切换要求数据分析系统能够实时响应并做出判断，但由于第一点数据广泛和第二点关联复杂的特征，这也增加了实时分析的难度。

综上所述，电力电缆设备大数据在面对多工况情况下，将表现出分布广泛、关联复杂、难以全监测、时变动态切换的特点。多模态是电力电缆设备大数据的一个基本特征，也是大数据技术在电力行业发展必须考虑和解决的问题之一。

六、时空性

由于电网拓扑结构具有空间性，同时，电力负荷变化具有时序性，这些赋予了电力电缆设备大数据时空性这一特点，具体包括以下方面：

（1）时序规律性强。电力负荷数据和设备运行参数都具有很强的时序规律性，这要求利用时间序列分析方法来发现数据中的周期性变化、趋势性变化和异常情况，这也增加了数据分析的难度。

（2）空间相关性强。电力系统是一个整体，其中各设备和线路之间存在复杂的空间连接关系，这使得空间上相近的设备其数据也往往高度相关，这必须在数据分析中加以利用，但也增加了分析的难度。

（3）生命周期长。电力基础设施的投资周期长达 30～50 年，这要求数据分析系统必须具有较长的数据历史并能够持续运行，为基础设施的寿命周期管理与评估提供持续的决策支持。但是，长期运行也带来系统更新和迁移的难度。

（4）数据时效性快。电力系统状态和工况变化很快，设备监测数据采集后不久，其中的信息就会迅速陈旧和过时，难以用于分析未来某个时刻的系统状态，这限制了数据的持续价值和时效性。

（5）实时性要求高。由于电力系统状况瞬息万变，这要求数据采集、传输、存储、分析和应用全流程都需要尽可能实时，以支持系统的实时监控、预警与决策，这使实时大数据分析成为一大难题。

综上所述，电力电缆设备大数据具有时序规律性强、空间相关性强、数据时效性快和实时性要求高等特征，这使得实现对电力大数据的高效处理面临较大挑战。同时，也由于电力系统自身的生命周期长，这使得数据分析系统也必须具有较高的稳定性和可持续性，这增加了系统开发的难度。

七、非平衡

电力电缆设备大数据具有较强的非平衡特性，主要体现在以下方面：

（1）数据采集频率不均匀。不同类型的电力电缆设备，其监测参数的采集频率并不相同，某些关键设备的采集频率较高，而一般设备的采集频率较低，这会导致数据集中采集时间分布不均匀。

（2）数据密度不均衡。电力系统中的某些区域设备比较密集，如一线城市的电力电缆隧道，这些区域的数据量也相对较大；而某些是单线区和乡村地区，设备比较稀疏，数据量也较小。这使得数据集中数据量的分布也比较分散。

（3）数据质量参差不齐。不同电力电缆设备采用的监测设备和系统不同，产生的数据质量也难免存在差异，有的设备数据质量高，而有的设备数据质量较差，这也增加了数据集的非均衡程度。

（4）运行工况多变且出现频率不同。不同区域和不同时间段的电力电缆设备会面临各种不同的运行工况，这使得整个数据集中各设备的数据特征和分布也是动态变化的，很难保持均衡稳定。

（5）设备状况不一致。电力系统中各设备的型号规格、运行年限及状态都不尽相同，这必然导致各设备产生的数据也是差异较大的，这也加剧了数据的非平衡性。

（6）应用场景碎片化。电力大数据应用于多个方面，如设备状况监测、资产管理、能效管理等，这使得数据分析与应用过程中需要考虑不同场景下数据特征的变化，这也增加了数据非平衡处理的难度。

由于电力电缆设备大数据所处系统的特点，数据集在时间、空间、质量、工况及应用等方面都存在较强的非均衡性，这使得从海量非平衡数据中有效提取信息成为一个技术难题。需要开发自动化的大数据分析方法来发现数据中隐藏的规律，处理好非平衡带来的影响，这是实现电力大数据智能应用的重要基础。

非平衡的数据集无疑增加了后续的数据管理与分析难度，但也使得结果更加符合实际，这也为电力行业提供了机遇与挑战并存的研究方向。采用大数据与人工智能技术可以有效提高对非平衡电力大数据的处理能力，实现数据驱动下的智慧电网建设。

综上所述，电力电缆设备大数据既具有大数据的通用特征，也具有来源于行业的个性化特征。这使得电力大数据的分析与应用面临一定的困难，需要开发适用于电力行业和考虑行业特点的大数据分析方法与技术，以实现对海量高速、多类型、低价值、非平衡和时空相关的数据的有效处理与分析。同时，也为电力行业提供了发展大数据与人工智能技术的机遇，有利于推进智慧电网建设，提高系统的可靠性、效率与经济性。但是，电力大数据平台的建设也面临一定的挑战，这需要投入更多的资源与精力才能完成。综合利用先进的大数据分析技术与方法，可以有效地提高电力数据的处理能力和应用价值。

第四节　电力电缆设备大数据面临的技术挑战

电力电缆设备大数据的上述特点，对电力电缆设备大数据的采集、传输、存储、分析与应用都提出了新的挑战。具体阐述如下。

一、实时数据采集与传输

在实时数据采集与传输方面，电力电缆设备大数据面临以下技术挑战：

（1）数据采集速度。电力电缆设备的运行变化快速，要求数据采集系统能够实时获取设备产生的数据。挑战在于，确保数据采集的速度能够满足设备实时状态监测和控制的需求。

（2）数据隐私与安全。电力电缆设备数据中可能包含敏感信息，如设备状态、运行参数等。在实时数据采集与传输过程中，需要采取相应的安全措施，确保数据的隐私性和保密性，防止数据被未授权的人员访问或篡改。

（3）设备兼容性。电力电缆设备的种类繁多，来自不同的厂家，电力设备数据类型多种多样，如数值、状态量、图像、视频等，同时具备不同的通信接口和协议，如串口、以太网、无线通信等。需要确保数据采集与传输系统具备广泛的设备兼容性，能够与各种类型的设备进行无缝连接和数据交换。

（4）网络延迟与稳定性。数据传输通常依赖于网络基础设施，如局域网、广域网或云平台。挑战在于，确保网络的稳定性，减少传输过程中的延迟和网络故障，确保数据传输通道的稳定性，减少传输中的丢包、延迟或错误，保证数据的完整性和准确性。

面对这些技术挑战，需要采用高性能的数据采集设备和传输技术，结合网络优化和数据压缩等手段，确保电力电缆设备大数据的实时采集和传输，以支持实时监测、预测和控制的需求。实时数据采集是实现电力大数据分析与应用的基础，也是各类监测预警与决策系统的前提。高效稳定的实时数据采集平台可以大幅提高电力电缆设备的监控水平和运维效率。

二、海量数据存储与管理

在海量数据存储与管理方面，电力电缆设备大数据面临以下技术挑战：

（1）存储容量需求，电力电缆设备产生的数据量庞大，需要大容量的存储系统来存储海量数据。选择适当的存储设备和技术，以满足不断增长的数据存储需求，并保证数据的可靠性和持久性。同时，海量数据存储需要投入大量存储资源，这会导致存储成本较高，这也是电力企业需要考虑的因素。

（2）数据备份与迁移，电力电缆设备大数据的备份和恢复是保障数据安全和业务连续性的重要措施。随着数据量的增长，电力电缆设备大数据需要进行定期的数据备份和迁移，以释放存储空间和保证数据的长期可访问性。因此，需要设定合理的备份和迁移策略，选择合适的备份设备和方法，以及实现快速、可靠的数据恢复能力，确保数据的完整性和可靠性，并降低对业务的影响。

（3）数据存取索引效率，电力电缆设备数据类型多种多样，如结构化数据、非结构化数据、时序数据、图数据等，这要求数据存储系统能够存储多种类型的数据。海量数据存储后，要实现高效的数据索引和查询是一个难题，这需要开发特定的数据模型和索引技术来提高查询性能，以加快数据的读取和写入速度，提高数据存取效率。

（4）数据一致性和完整性，电力电缆设备大数据涵盖了多个数据源和多个维度的数据，需要确保数据的一致性和完整性。如何设计合理的数据模型和数据标准，实现数据的一致性验证和校验，避免数据冗余和错误，并且具有极高的可用性，确保关键数据的持续可访问，是海量数据存储与管理的一大挑战。

（5）数据生命周期管理，电力电缆设备大数据的生命周期涵盖了数据的创建、存储、传输、分析和销毁等阶段。有必要制定合适的数据生命周期管理策略，包括数据保留期限、数据归档和数据销毁等，采取适当的数据加密和权限控制措施，保护数据的隐私性和安全性，防止未经授权的访问和数据泄露，以满足数据安全性、合规性和管理效率的要求。

综上所述，电力电缆设备大数据在海量数据存储与管理方面面临较大挑战，需要采用新一代分布式存储技术，开发超大规模数据湖与数据仓库，实现 PB 级以上的数据高速稳定存储与管理，这是构建电力大数据平台的基础。随着存储技术的进步，大数据存储系统的性能也在大幅提高，这有利于电力企业采集和分析更加海量复杂的设备数据。

对电力电缆设备开展监测大数据分析，可以实现以下优势：

（1）实时数据采集与传输。电力系统运行变化快，要求数据的采集和传输系统具备高实时性，能够快速获取和传输数据，以满足实时监测和控制的需求。

（2）海量数据存储与管理。电力电缆设备产生的数据量巨大，需要建立高效的大数据存储和管理系统，以确保数据的安全、可靠和高效访问。

（3）有价值信息发现。电力电缆设备数据中有价值的信息比例较低，需要利用大数据分析技术和算法，发现隐藏在海量数据中的规律、异常和关联关系，提高数据的价值和利用率。

（4）关联分析与预测。电力系统是一个动态复杂的系统，电力电缆设备之间存在复杂的关联性，需要建立关联分析和预测模型，实时监测和预警电力电缆设备的状态和故障，提高系统的可靠性和运行效率。

（5）多工况适应性。电力系统面临多种工况和负荷变化，电力电缆设备的数据分析模型和系统需要具备良好的适应性，能够在不同工况下工作，并做出准确的分析和决策。

（6）实时响应与控制。电力系统的控制要求高实时性，电力电缆设备大数据分析平台需要能够实时响应和输出分析结果，并能够对系统实施实时的控制和调整。

（7）系统集成与协同。电力企业现有的监控、通信和 GIS 系统需要与大数据平台进行有效的集成和协同工作，确保各个系统间的数据交互和信息共享。

（8）标准与安全。电力大数据涉及大量敏感数据，需要遵循行业标准和安全要求，构建安全可靠的大数据系统，保护数据的隐私和安全。

三、数据建模与价值发现

电力电缆设备大数据分析的目的在于利用数据建立模型，从而发现有价值的信息。在这一方面面临较大的技术挑战，主要体现在以下几个方面：

（1）多源数据融合。电力电缆设备大数据通常来自多个数据源，如传感器、监测设备、运行记录等，包括结构化数据、非结构化数据、时间序列数据、图像数据等，但真正有价值的信息只占很小一部分，这给信息发现带来很大难度。将这些数据源进行融合和集成，以获取全面的信息并发现潜在的关联和模式是一个挑战。需要考虑数据的一致性、完整性和可靠性。

（2）数据预处理和清洗。电力电缆设备大数据可能包含噪声、异常值和缺失数据等问题。在进行数据分析之前，需要对数据进行预处理和清洗，包括数据去噪、异常值检测和处理、缺失值填充等。这样可以提高数据的质量和准确性，减少对后续分析的影响。

（3）数据特征提取和选择。从电力电缆设备大数据中提取有意义的特征是一个关键挑战。数据特征的选择和提取需要考虑数据的维度、相关性和重要性。合适的特征选择可以降低维度，减少冗余信息，并提高数据分析和挖掘的效果。

（4）大规模数据处理。电力电缆设备大数据往往具有海量的数据量，需要进行高效的大规模数据处理。这涉及并行计算、分布式处理和数据流处理等技术。确保在合理的时间内处理大规模数据，并保持计算性能是一项挑战。

（5）模型算法选择。选择合适的数据分析算法来挖掘电力电缆设备大数据中的有价值信息是一项挑战。电力电缆设备大数据具有复杂的结构和关联关系，而且电力系统是一个动态非线性系统，众多因素在不同时间空间尺度上作用，设备数据变化比较复杂，且随着时间空间变化呈现多工况、多模态的特点，这要求建立准确的关联分析和预测模型来实现状态评估、故障预警与未来趋势判断等，但模型训练与验证过程也较为复杂，增加了应用难度。不同的算法适用于不同类型的数据和问题，如聚类分析、关联规则挖掘、分类和预测等。因此，需要根据具体的分析目标和数据特点选择合适的算法，建立数据间的关联和依赖关系，并进行模型的验证和优化。

（6）领域知识和可解释性。电力电缆数据分析与建模需要较强的电力工程专业领域知识才能理解其中的规律，而许多数据驱动的算法，尤其是深度学习算法建立的是黑箱模型，算法结果也不太容易解释，这给信息的发现带来一定困难，其结果也难以得到电力专业人员的理解和认可。需要开发更具可解释性的算法，或与电力专家知识结合。

（7）可视化和交互性。将电力电缆设备大数据的有价值信息可视化和呈现给用户是关键挑战之一。需要设计直观、易于理解的可视化界面和交互式工具，使用户能够探索数据、发现模式和关联，并从中获取有价值的信息。

（8）增量数据实时分析响应。电力电缆设备的运行状态需要实时监测和响应。因此，在实时数据采集和传输的基础上，需要开发高效的实时数据分析算法和系统，以快速发现关键信息，预测故障，并及时采取措施进行修复和优化。此外，由于电力电缆设备数据是不断产生和更新的，需要进行增量数据处理和更新模型。因此，还需要设计有效的增量处理算法和策略，使得数据分析和挖掘能够及时反映最新的数据情况。

综上所述，电力电缆设备大数据在有价值信息发现方面面临诸多技术挑战。解决这些挑战需要综合运用数据预处理、大规模数据处理、数据挖掘与建模、可视化和交互等技术手段，以及建立强大的数据计算基础设施。通过克服这些挑战，可以从电力电缆设备大数据中挖掘出有价值的信息，为电力系统运行和管理提供更好的支持和决策依据。

四、系统集成与协同

电力电缆设备大数据分析在系统集成与协同方面面临较大的技术挑战，主要体现在以下方面：

（1）数据源分散和格式不统一。电力企业的数据通常存储在各个业务系统的数据库中，数据格式和标准也各不相同。大数据分析需要搜集这些分散的数据并进行有效整合，这增加了系统集成的难度。需要研究统一的数据表达格式和存储标准，解决数据格式不一致、接口不兼容等问题，确保数据的无缝集成和共享。

（2）系统种类多和接口不统一。电力企业拥有诸如 SCADA 系统、DCS 系统、故障诊断系统、视频监控系统等多种系统，这些系统协议和接口常常不同。在电力电缆设备大数据分析中，通常会使用多个分析平台和工具。将这些平台进行有效集成，需要研究系统接口规范和数据交换标准，解决格式不一致、接口不兼容等问题，实现异构系统的无缝集成和协同工作。

（3）业务流程复杂多变。电力电缆设备大数据分析需要与业务应用场景密切结合，如电力运行管理、设备维护等。将数据分析结果与这些业务进行集成，以实现协同工作和智能决策，需要大数据平台具有较强的业务流程建模与管理能力，能够实时跟踪业务变化并进行有效支撑。

（4）信息共享机制缺乏。大数据分析产生的信息和报告如何在多个相关系统之间实现高效共享，这需要研究信息表达方式与共享标准，设计统一的信息发布订阅机制，相同的系统和平台可以通过标准化的接口进行交互和数据共享，但机制的设计和实现也较为复杂，需要考虑数据格式、通信协议、接口规范等方面，以确保不同系统和平台之间的互操作性和无缝集成。

（5）安全机制难以衔接。在系统集成和协同中，需要考虑数据的共享和权限管理。不同部门和用户可能需要访问和共享特定的数据，但同时需要确保数据的安全和隐私。不同系统采取不同的安全措施与访问权限，因此，需要设计合适的数据共享机制和权限管理策略，在大数据分析平台上实现各安全机制的协调与衔接，来平衡数据的共享和数据安全的要求，确保数据和结果的安全，但安全机制的衔接也增加了系统的开发难度。

综上所述，电力大数据分析在系统集成与协同方面面临诸多难题，需要从业务流程管理、数据标准统一、分析模型集成、信息共享机制设计和安全机制协调等多个维度进行系统研究，这需要融合多学科知识与采取系统方法，投入大量人力物力，与电力企业和设备厂商密切配合，不断探索电力行业实际需求和系统集成的最佳方案。这将有助于构建统一的数据采集与分析平台，实现业务流程重组和智能化决策，带来行业效率的提高和数据资产的最大化利用。

第二章
电力电缆设备大数据关键技术

第一节　数据采集与传输关键技术

一、MQTT 协议

随着泛在电力物联网战略的进行，电网企业正着力推动统一物联管理平台的建设，实现跨专业数据共建共享共用，在输变电、配电台区、客户侧、供应链等领域取得实用化效果。在电力物联网平台建设过程中，需要通过软件定义海量异构终端管理与接入，支持百万到千万级的设备并发接入，同时承载海量信息消费。

电力行业智能设备数量庞大，以省级电网公司为单位的电力物联网平台建设往往需要支撑百万级以上的设备接入能力。传统物联管理平台难以胜任。

在电力系统的输—变—配—用的各种生产环境中，已有设备主要以 IEC 60870-5-104、DL/T 698.45—2017《电能信息采集与管理系统　第 4-5 部分：通信协议—面向对象的数据交换协议》、Q/GDW 242《输电线路状态监测装置通用技术规范》等电力行业协议通信。而随着新一代以 MQTT 物联网协议进行通信的电力设备的逐渐增加，如何实现对多种传统电力协议与物联网协议设备兼容接入与管理，则成为新一代电力物联网平台建设的一大难点。

对于电力系统来说，电力电缆设备的各种传感器和智能业务终端等作为电力数据的产生者，其主要目的是准确地获取电力设备和系统的状态数据，经过初步处理再传输到网络层。而网络层作为数据传输的通道，利用现代通信技术，屏蔽感知层中各网络之间的差异性，利用电力网或者互联网，将电力数据上传至大数据分析平台。因此，在网络层往往采用专用的电力网关等方式实现协议的转换，即对下层电力设备常用的协议进行解析，并且重新采用统一的物联网协议与上层大数据分析平台或者计算平台进行对接。因此，稳定、高效的物联网通信协议是电力电缆设备大数据采集与传输中的关键技术之一。其中，MQTT 通信协议凭借其轻量、高效、可靠的消息传递、海量连接支持，以及安全的双向通信等优点，已成为物联网协议的事实标准，在电力电缆设备大数据中有广阔的应用前景。

（一）MQTT 的历史

MQTT（Message Queuing Telemetry Transport）是一种轻量级的消息传输协议，旨在低带宽和不稳定的网络环境下实现高效的设备间通信。

MQTT 协议最早于 1999 年由 IBM 的安迪·斯坦福·克拉克（Andy Stanford-Clark）博士和艾奕康（Arcom）公司的艾伦·尼珀（Arlen Nipper）开发。最初它是为了在石油管道监控系统中实现设备间通信而设计的。

2010 年，MQTT 成为结构化信息标准促进组织（Organization for the Advancement of Structured Information Standards，OASIS）的标准。OASIS 是一个开放的技术标准化组织，致力于制定开放的标准。

2013 年，MQTT 协议发布了版本 3.1.1，这个版本成为当前广泛使用的版本。它引入了一些改进，包括对负载消息大小的限制，保持活动状态的机制和会话保持。

2014 年，MQTT 协议在 Eclipse 基金会（Eclipse Foundation）的支持下开源，并成为 Eclipse Paho 项目的一部分。Eclipse Paho 项目旨在提供一套开源的 MQTT 客户端库，以便开发者可以在各种平台上使用 MQTT 协议。

2019 年，MQTT 协议发布了版本 5.0，这个版本引入了一些新特性，如可扩展性、支持共享订阅、消息属性和请求/响应模式等。MQTT 5.0 进一步提升了协议的灵活性和性能。

MQTT 的应用范围逐渐扩大，从最初的物联网领域延伸到其他领域，如金融、电力、交通等。它成为许多物联网平台和应用程序的重要组成部分。

总的来说，MQTT 经历了从 IBM 的专有协议到开放标准的发展过程，逐渐成为一种被广泛接受和使用的通信协议，为设备间的消息传输提供了高效、可靠的解决方案。

（二）MQTT 的基本原理

MQTT 协议基于发布/订阅模型工作。在传统的网络通信中，客户端和服务器直接相互通信。客户端向服务器请求资源或数据，服务器处理并发回响应。但是，MQTT 使用发布/订阅模式将消息发送者（发布者）与消息接收者（订阅者）解耦。相反，称为消息代理的第三个组件将处理发布者和订阅者之间的通信。代理的工作是筛选所有来自发布者的传入消息，并将它们正确地分发给订阅者。代理将发布者和订阅者解耦：

（1）空间解耦，发布者和订阅者不知道彼此的网络位置，也不交换 IP 地址或端口号等信息。

（2）时间解耦，发布者和订阅者不会同时运行或具有网络连接。

（3）同步解耦，发布者和订阅者都可以发送或接收消息，而不会互相干扰。例如，订阅者不必等待发布者发送消息。

MQTT 的消息传输方式如图 2-1 所示，分为三个步骤：

（1）MQTT 客户端与 MQTT 代理建立连接。

（2）连接后，客户端可以发布消息、订阅特定消息，或同时执行这两项操作。

（3）MQTT 代理收到一条消息后，会将其转发给对此感兴趣的订阅者。

其中，"主题"一词是指 MQTT 代理用于为 MQTT 客户端筛选消息的关键字。主题是分层组织的，类似于文件或文件夹目录。

"发布"指的是 MQTT 客户端以字节格式发布包含主题和数据的消息。客户端确定数据格式，如文本数据、二进制数据、XML 或 JSON 文件。

"订阅"则是 MQTT 客户端向 MQTT 代理发送订阅（SUBSCRIBE）消息，以接收有关感兴趣的主题的消息。此消息包含唯一标识符和订阅列表。

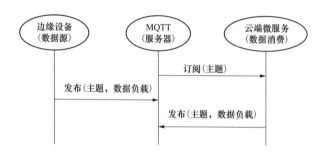

图 2-1 MQTT 消息传输方式

（三）MQTT 的优势

MQTT 能够成为物联网和其他领域中设备间通信的首选协议之一，主要得益于以下优点：

（1）轻量级。MQTT 协议的设计非常精简，协议头部开销小，传输的消息格式简单。它使用的网络带宽较少，适用于网络条件较差或带宽受限的环境，如物联网设备使用的低功耗无线网络。

（2）简单易用。MQTT 采用基于发布/订阅模式的消息传输方式，使得设备间的通信变得简单和灵活。发布者（Publisher）只需将消息发布到一个或多个主题（Topic）上，而订阅者（Subscriber）则可以选择订阅感兴趣的主题，接收相关的消息。这种模式消除了直接点对点通信的需求，简化了开发过程。

（3）可靠性。MQTT 支持 3 种不同的消息传输质量（QoS）级，即 QoS 0、QoS 1 和 QoS 2。QoS 0 提供最低的可靠性，消息传输是"最多一次"，即消息可能会丢失；QoS 1 和 QoS 2 提供更高的可靠性，通过确认和重传机制来确保消息的可靠传输。开发者可以根据应用场景的要求选择适当的 QoS 级别。

（4）异步通信。MQTT 支持异步通信模式，即消息的发送者不需要等待接收者的回复就可以继续执行其他任务。这种特性使得设备间的通信更加高效和实时，特别适用于需要快速响应和处理大量消息的应用场景。

（5）支持断线重连。MQTT 协议具有断线重连的机制，当设备的网络连接中断或恢复时，设备可以自动重新连接到 MQTT 代理服务器。这种机制确保了设备在网络不稳定的情况下能够恢复通信，并且不会丢失重要的消息。

（6）可扩展性。MQTT 协议支持多对多的消息传输，允许多个设备同时发布和订阅消息。这种灵活性使得 MQTT 适用于不同规模和复杂度的应用场景。无论是只涉及少数设备，还是大规模的物联网部署，MQTT 都可以轻松应对。

（7）安全性。MQTT 协议提供了多种安全特性来保护通信的安全性。它支持 TLS/SSL 加密传输，可以通过身份验证和加密通信来防止未经授权的访问和数据泄露。此外，MQTT 还支持基于用户名和密码的认证机制，以及访问控制。

（8）节省能源。由于 MQTT 协议的轻量级特性，它在资源受限的设备上使用的能量较少。这对于依靠电池供电或希望减少能源消耗的设备尤为重要。设备可以在保持低功耗的同时，进行有效的通信。

（9）消息传递保证。MQTT 协议在设计上支持持久性消息传递。代理服务器（Broker）可以存储消息并确保它们在订阅者重新连接时进行传递。这种特性对于确保消息不丢失，以及在设备离线期间传递重要信息，非常有用。

（10）生态系统和支持。MQTT 是一个开放的标准协议，并且具有广泛的应用和支持，有许多开源和商业实现可供选择。开发者可以使用各种 MQTT 客户端库和工具来简化开发过程，并且可以轻松地与其他平台和系统进行集成。

综上所述，MQTT 是一种轻量级的物联网消息协议，具有吞吐量高、开销小、易于使用、可扩展性强和跨平台兼容等优点，非常适用于在带宽受限和设备资源受限的网络环境下进行消息通信，它为工业领域和家居自动化等提供了一种简单高效的解决方案。MQTT 的这些优势使其成为工业互联网和智能硬件连接的首选协议，已经被广泛应用于远程监控、聊天应用、实时运维等众多场景。因此，MQTT 在电力电缆设备大数据领域有广阔的应用前景。

二、消息中间件 Kafka

（一）消息中间件概述

如前所述，在电力电缆大数据分析中，MQTT 协议的引入目的是解决感知层不同传感设备的数据统一上传问题，而在大数据分析层面，由于不同应用任务、不同业务场景需要根据各自需求使用不同来源、不同结构的数据，由于大数据分析平台通常采用分布式系统，因此，同样需要一个支持跨平台、跨系统的数据交换与系统通信机制，这就催生了消息中间件。

消息中间件（Message Middleware）是一种软件解决方案，用于在分布式应用程序之间传递和交换消息。它提供了一种异步通信机制，使得应用程序可以通过发送和接收消息来进行相互之间的通信。

在传统的应用程序架构中，应用程序通常是通过直接调用函数或方法来进行通信。这种紧密耦合的通信方式可能导致应用程序之间的依赖性增加，使得系统难以扩展和维护。而消息中间件通过引入一个独立的中间层，解耦了应用程序之间的直接通信，提供了一种间接的、基于消息的通信方式。

消息中间件的基本原理是，一个应用程序将消息发送到中间件，而不是直接发送给其他应用程序。然后中间件将消息路由到一个或多个目标应用程序，这些应用程序注册了对特定消息类型或主题感兴趣。接收到消息的应用程序可以处理消息、做出响应或将消息传递给其他应用程序。

作为一种用于解耦和连接应用程序之间通信的软件解决方案，消息中间件提供了可靠的异步通信机制，具备高度可靠性、可扩展性和灵活性，并支持多种通信模式和协议。消息中间件在构建分布式、松耦合和可伸缩的应用系统中起到了重要的作用。

消息中间件产品在过去几年中经历了快速发展和广泛应用，典型的消息中间件产品相关信息见表 2-1。以下是消息中间件产品的一些发展情况：

Apache Kafka：Apache Kafka 是目前最受欢迎和广泛采用的消息中间件之一。自 2011 年开源以来，Kafka 已经成为大数据领域的事实标准，被许多大型互联网公司和企业广泛使用。Kafka 具有高吞吐量、低延迟、可持久化存储、分布式架构和流处理能力等特点，适用于处理大规模数据流的场景。

RabbitMQ：RabbitMQ 是一种功能丰富、可靠性高的开源消息中间件。它自 2007 年开源以来，在企业和开发者社区中得到广泛应用。RabbitMQ 支持多种通信协议，具有可靠性高、易于使用和部署等特点，适用于各种应用场景。

Apache ActiveMQ：Apache ActiveMQ 是一款开源的消息中间件，自 2004 年

开始发展。它是一个成熟、可靠的消息系统，支持多种通信协议和丰富的特性。ActiveMQ 具有良好的扩展性和可伸缩性，与 Java 生态系统紧密集成，被广泛应用于企业级应用。

IBM MQ：IBM MQ（之前称为 IBM WebSphere MQ）是一种商业消息中间件产品，自 1993 年开始发展。它具有高可靠性、强大的安全性和广泛的平台支持等特点，在企业级应用中得到广泛应用。IBM MQ 提供了可靠的消息传递保证，适用于金融、电信和其他关键业务领域。

Apache Pulsar: Apache Pulsar 是一个相对较新的开源消息中间件项目，于 2017 年由雅虎（Yahoo）开发并捐赠给 Apache 基金会。Pulsar 具有高吞吐量、低延迟、可持久化存储和灵活的消息路由等特点。它支持多种消息传递模式，并具备流处理和多租户支持的能力，适用于大规模实时数据处理场景。

表 2-1 典型的消息中间件产品相关信息

名称	开始时间	是否开源	优势	劣势
Apache Kafka	2011 年	是	高吞吐量，低延迟，持久性存储、分布式架构、精准一次（Exactly Once）语义、流处理能力等	复杂性较高，部署和管理有一定挑战
RabbitMQ	2007 年	是	可靠性高，支持多种通信协议，丰富的特性，易于使用和部署	性能相对较低，不适合高吞吐量和大规模数据处理
Apache ActiveMQ	2004 年	是	可靠性高，支持多种通信协议，良好的扩展性和可伸缩性，丰富的特性，与 Java 生态系统紧密集成	性能相对较低，管理和监控较复杂
IBM MQ	1993 年	否	可靠性高，企业级支持，强大的安全性，广泛的平台支持，成熟稳定	商业产品，需要许可证，较高的成本
Apache Pulsar	2017 年	是	高吞吐量，低延迟，可伸缩性强，多租户支持，可持久化存储，多种消息传递模型，灵活的路由和分发	相对较新的产品，相比其他消息中间件社区规模较小
NATS（NATS.io）	2010 年	是	轻量级，高性能，低延迟，简单易用，可靠性高，多种语言支持，分布式系统的连接和通信	功能较为简化，不适合复杂的消息处理需求

（二）Kafka 介绍

Kafka 是一种分布式流数据平台，最初由领英（LinkedIn）开发，并于 2011

年开源。它被设计用于高性能、可扩展和持久化的实时数据流处理。Kafka 提供了一种可靠、持久化、分布式发布/订阅消息系统，可以处理大规模的数据流，并允许多个应用程序同时读写数据。Kafka 的使用场景如图 2-2 所示。

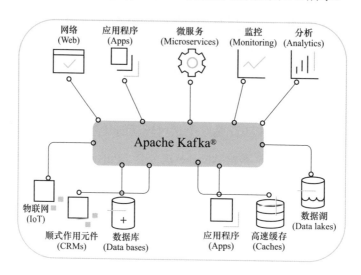

图 2-2　Kafka 的使用场景

以下是 Kafka 的一些关键特点：

（1）分布式架构。Kafka 采用分布式架构，数据被分区和复制到多个服务器集群中。这使得 Kafka 能够实现高可用性、水平扩展性和容错性。

（2）持久化存储。Kafka 使用磁盘存储消息，以保证数据的持久性。它采用顺序写入和随机读取的方式，提供了高吞吐量和低延迟的数据存储和检索能力。

（3）发布/订阅模型。Kafka 采用发布/订阅模型，其中生产者将消息发布到主题（Topic），而消费者可以订阅一个或多个主题，并从中读取消息。这种模型实现了高度的解耦，使得多个消费者可以独立地消费消息，而不影响生产者和其他消费者。

（4）批量处理和流处理。Kafka 支持批量处理和流处理。生产者和消费者可以按照一定的时间窗口或消息数量来进行数据的批量处理，以提高吞吐量和效率。同时，Kafka 还提供了流处理 API，使得开发人员可以实时处理和分析数据流。

（5）消息保留和回溯。Kafka 允许设置消息的保留策略，即保留一段时间或一定大小的消息数据。这使得消费者可以回溯到过去的消息，进行重新处理或数据分析。

（6）水平扩展和容错性。Kafka 可以通过添加更多的服务器节点来实现水平扩展。当节点故障时，它能够自动进行分区和副本的重新分配，以确保数据的可靠性和高可用性。

（7）生态系统和整合。Kafka 拥有丰富的生态系统和整合能力。它与 Hadoop、Spark、Storm 等大数据处理框架无缝集成，同时还提供了多种语言的客户端 API，如 Java、Python、Scala 等，Kafka 的架构如图 2-3 所示。

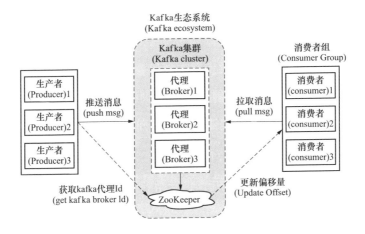

图 2-3　Kafka 的架构

上述架构图中包含了以下组件：

（1）生产者（Producer），负责将消息发布到 Kafka 集群，可以是一个或多个生产者。

（2）Kafka 代理（Kafka Broker），Kafka 集群中的一个节点，负责接收、存储和分发消息。多个 Kafka 代理组成了一个 Kafka 集群。

（3）ZooKeeper，Kafka 使用 ZooKeeper 来进行集群管理和协调，包括存储集群的元数据，监控代理的状态，协调分区分配和领袖（Leader）选举等。

（4）消费省（Consumer），从 Kafka 集群中订阅一个或多个主题（Topic），并消费其中的消息。

（5）数据存储（Data Store），Kafka 使用磁盘来持久化存储消息数据。

（6）更新偏移量（Update offset），偏移量是用来标记每条消息存储在 Kafka 集群中的位置，消费者正是根据它来确定读取消息的位置。

在 Kafka 的架构中，消息以主题（Topic）的形式进行组织，主题被分为一个或多个分区（Partition）。每个分区都有一个领袖代理（Leader Broker）和零个或多个追随代理（Follower Broker），负责分区的读写操作。

生产者将消息发布到指定的主题，消息经过 Kafka 代理（Kafka Broker）进行存储和分发。消费者可以订阅一个或多个主题，并从指定的分区中读取消息。

ZooKeeper 用于管理和协调 Kafka 集群的状态和元数据，确保集群的稳定性和可用性。

整体而言，Kafka 架构的设计目标是实现高吞吐量、低延迟和持久化的消息传递系统，适用于大规模、分布式的实时数据处理和流式分析。

第二节　数据存储关键技术

大数据分析平台的数据存储有多种解决方案，每种解决方案都有其特点和适用场景。以下是一些常见的大数据存储解决方案：

（1）分布式文件系统（Distributed File System），如分布式文件系统 Hadoop Distributed File System，HDFS）和亚马逊云存储（Simple Storage Service，Amazon S3）提供了可扩展和高容量的数据存储。它们支持分布式计算框架（如 Hadoop 和 Spark）对数据进行并行处理，同时具备容错性和可靠性。

（2）列式数据库（Columnar Databases）以列为存储单元，相比传统的行式数据库，能够更高效地处理大规模数据集的分析查询。列式存储方式有利于数据压缩和只读查询的性能优化，常见的列式数据库包括 ClickHouse 和亚马逊云数据仓库 Amazon Redshift。

（3）NoSQL 数据库（NoSQL Databases）适用于非结构化或半结构化数据的存储和查询，其灵活性和可扩展性使其成为大数据存储的选择。常见的 NoSQL 数据库包括 Apache HBase、MongoDB 和 Couchbase。

（4）数据仓库（Data Warehouses）是专门用于存储和分析结构化数据的系统，提供了高性能的查询和分析能力。常见的数据仓库解决方案包括 Amazon Redshift、Google BigQuery 和 Snowflake。

（5）内存数据库（In-Memory Databases）将数据存储在内存中，以实现更快的数据访问速度和低延迟的查询。这种存储方案适用于对实时数据进行快速分析和查询，常见的内存数据库包括 Apache Ignite 和 Redis。

（6）对象存储（Object Storage）是一种将数据以对象形式存储的解决方案，提供了可扩展性和弹性存储能力。它们适用于存储大规模的非结构化数据，如图像、视频和日志文件等。常见的对象存储解决方案包括 Amazon S3、谷歌云存储（Google Cloud Storage）和微软 Azure 对象存储（Azure Blob Storage）。

（7）时序数据库（Time Series Database，TSDB）是一种专门设计用于存储和处理时间序列数据的数据库，它们以时间作为主要维度，并提供了高效的数据存储和查询机制。它们适用于存储各种时间相关的数据，如传感器数据、日志数据、监控数据等，用于存储和分析大规模的时间序列数据，支持实时监控、预测分析和故障诊断等应用场景。常见的时序数据库包括 InfluxDB、OpenTSDB、Prometheus 和 TimescaleDB 等。

这些解决方案通常根据数据的性质、规模和访问需求来选择。在实际应用中，常常会结合多种存储技术来构建一个综合的数据存储架构，以满足不同层次和类型的数据处理和分析需求。接下来，我们介绍其中在电力系统大数据分析中常用的存储技术：HDFS 分布式文件系统和 ClickHouse 列式数据库。

一、HDFS 分布式文件系统

HDFS（Hadoop Distributed File System）是 Apache Hadoop 生态系统中的分布式文件系统，旨在存储和处理大规模数据集。它提供了可靠性、高容量和高吞吐量的数据存储解决方案，适用于大数据处理和分析。

HDFS 的主要特点和组件如下：

（1）分布式存储。HDFS 将大数据集划分为多个数据块，并将这些数据块分布存储在 Hadoop 集群中的多台计算机节点上。这种分布式存储方式允许数据在集群中进行并行处理，并提供了数据冗余和容错性。

（2）冗余存储。HDFS 使用副本机制来实现数据的冗余存储，以提高数据的可靠性和容错性。每个数据块在集群中被复制到多个节点上，通常默认为 3 个副本。如果某个节点出现故障，系统可以自动从其他副本中恢复数据。

（3）高吞吐量。HDFS 的设计目标之一是提供高吞吐量的数据访问能力，适合批处理和大规模数据分析。它通过优化数据存储和读写机制，支持数据的顺序访问，以最大化数据的传输速率。

（4）数据块和命名空间。HDFS 将大数据集划分为固定大小的数据块（通常为 64MB 或 128MB），并将这些数据块分布存储在不同的节点上。此外，HDFS 还使用命名空间来管理文件和目录结构，类似于传统文件系统。

（5）副本调度和均衡。HDFS 通过副本调度和均衡机制来优化数据的存储和访问性能。它会根据集群的负载情况和节点的可用性自动选择存储位置和副本数，并监控数据的均衡性，确保各个节点上的数据分布均匀。

（6）兼容性。HDFS 与 Hadoop 生态系统中的其他组件无缝集成，如 Hadoop MapReduce、Apache Hive、Apache Spark 等，使其成为大数据处理和分析的理想选择，HDFS 的架构区块操作如图 2-4 所示。

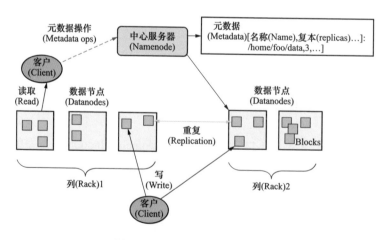

图 2-4 HDFS 的架构区块操作

HDFS 适用于存储海量的非结构化和半结构化数据，如日志文件、传感器数据、图像和视频等。国内外许多基于 Hadoop 框架的电力大数据平台其底层都使用了 HDFS 作为存储系统。

二、ClickHouse 列式数据库

ClickHouse 是一种开源的列式数据库管理系统，专为在线分析处理（OLAP）场景而设计。与传统的行式数据库相比，ClickHouse 以列为基本存储单位，将相同列的数据连续存储在一起，以提供高效的数据压缩和查询性能。

ClickHouse 列式数据库具有以下特点：

（1）列式存储。ClickHouse 以列为单位存储数据，而不是按行存储。相同列的数据存储在一起，这种存储方式带来了多个优势。首先，列式存储可以更好地利用数据的局部性，减少磁盘 I/O 操作，提高查询性能。其次，列式存储可以更好地进行数据压缩，因为相同列的数据通常具有相似的值，可以使用更高效的压缩算法。

（2）高性能查询。ClickHouse 在设计时就注重查询性能，通过采用多级缓存机制、数据分区、并行处理和向量化计算等技术，可实现高吞吐量和低延迟的查询功能。ClickHouse 还支持复杂的聚合操作、过滤和排序，使得复杂的分析任务可以以更快的速度完成。

（3）可扩展性。ClickHouse 具有良好的可扩展性，可以处理大规模数据集。它支持水平扩展，通过添加更多的节点来增加存储容量和提高查询能力。ClickHouse 使用分布式架构，数据和查询可以并行地在多个节点上执行，从而实现高吞吐量和可扩展性。

（4）实时数据处理。尽管 ClickHouse 主要用于 OLAP 场景，但它也支持实时数据传输和处理。ClickHouse 可以通过常见的数据接口（如 JDBC 和 HTTP）接收实时数据流，并在接收数据后立即可用于查询和分析。这使得 ClickHouse 可以用于实时监控和仪表板应用。

（5）强大的查询语言支持。ClickHouse 支持标准 SQL 查询语言，并提供了许

多内置函数和聚合操作，以支持复杂的分析需求。它还支持高级的窗口函数、JOIN操作和子查询等功能，使得用户可以进行更灵活和复杂的数据分析。

（6）数据可靠性和高可用性。ClickHouse 提供了数据冗余和容错机制，通过复制数据副本，以提高数据的可靠性。在节点故障或数据损坏的情况下，系统可以自动恢复数据，并保持高可用性。

（7）需要注意的是，虽然 ClickHouse 在大数据分析方面有很多优点，但也存在一些不足之处。在批处理场景下表现出色，可以高效地执行复杂的聚合查询和分析任务。然而，在实时查询和交互式分析方面，ClickHouse 可能受到一定的限制。此外，ClickHouse 在处理实时数据更新方面的能力相对较弱。它主要专注于批量数据加载和分析，而对于频繁的数据写入和实时数据更新支持有限。

因此，在大数据分析中，除了解决大规模历史数据的存储外，还要使用流式计算技术解决实时流式数据的处理问题。

第三节 流式计算关键技术

一、概述

流式计算作为一种高频、增量、实时的数据处理模式，主要对计算方法和数据流进行处理。其功能主要体现在对占用内存小、单次处理快、系统延迟低等要求较高的场景，以及需要在任务中持续计算的场景。

大数据流式计算主要是为了满足场景下的实时应用需求，可广泛应用于互联网、物联网等多个领域。整个数据流的处理过程，往往在毫秒级的时间内完成。在流式计算中，数据以组为单位，呈现连续数据流的形态，持续地集成至大数据流式计算平台。其计算功能的实现是通过有向任务图的形式进行描述，在实时生成相应计算结果前，数据流会流经有向任务图，并且在流的数据在不同的时间点以增量方式逐步获取相应数据。

流式计算的核心思想是基于事件驱动的处理模式。数据以连续的方式流入系统，每个到达的数据被视为一个事件，并触发相应的计算和处理操作。这些操作可以包括数据过滤、聚合、转换、计算指标、触发报警等。

流式计算通常涉及以下重要概念：

（1）数据流（Data Stream）是连续的、实时产生的数据序列。它可以来自各种数据源，如传感器、日志文件、消息队列等。数据流可以是无限的，也可以是有界的。

（2）事件（Event）是数据流中的单个数据记录，可以是一个数据包、一条日志、一条消息等。每个事件都会触发相应的处理逻辑。

（3）处理逻辑（Processing Logic）是针对每个事件触发的计算和操作。它可以是对事件进行过滤、转换、聚合、计算指标等操作，也可以是触发报警、存储数据等操作。

（4）状态管理（State Management），流式计算中的处理逻辑通常需要维护和更新状态信息。由于数据是连续流动的，状态管理是一个重要的挑战。它可以通过状态存储、状态更新和状态快照等技术来实现。

（5）窗口（Window）是用于分析流数据子集的概念。可以是基于时间（Time Window）、数量（Count Window），或两者（Time-Count Window）来定义窗口。窗口内的数据可视为一个窗口中的批处理数据。

（6）延迟与吞吐（Latency & Throughput）是衡量流计算系统性能的两个关键指标。延迟是指从流入数据到结果输出的总时延，吞吐是指系统单位时间内可以处理的事件数量。

（7）可扩展性和容错性，流式计算需要处理大量的连续数据，因此，需要具备良好的可扩展性和容错性。它可以通过水平扩展来增加处理能力，并且需要具备容错机制，以保证系统的稳定性和可靠性。

典型的流式计算框架包括 Apache Spark、Apache Storm 和 Apache Flink 等。

（1）Apache Spark 是专门用于大规模数据处理的计算引擎，拥有 Hadoop MapReduce 所具有的同等优势；但 Apache Spark 不再需要读写 HDFS，因此，它能更出色地适用于数据挖掘分析与 ML 等需要迭代的 MapReduce 算法。同时，

Spark 启用了内存分布数据集，除提供交互式查询外，还能优化迭代工作负载。

（2）Apache Storm 是一个开源、免费、实时的分布式计算系统。由于结构简单，它可用于任意编程语言。Apache Storm 应用场景包括实时数据分析、ETL、联机学习、持续计算等。同时，它的计算速度非常快，单节点上可实现每秒一百万的组处理量。

（3）Apache Flink 由 Stream 和 Transformation 两个基本构建块组成，其中 Stream 是一个中间结果数据；Transformation 则是一个操作，它对一个或多个输入 Stream 进行计算处理，并输出相应结果。

与 Spark 和 Storm 相比，Flink 在性能、灵活性、易用性等方面具有更好的优势，值得电力行业的关注。

二、Flink 流处理框架

Apache Flink 是一个开源的流式处理框架，它提供了高效、可靠、可扩展的大规模数据流处理和批处理功能。Flink 的设计目标是实现低延迟、高吞吐量的数据处理，并支持严格的状态一致性保证。

Flink 由德国柏林工业大学（TU Berlin）的一个研究小组于 2014 年启动开发，并于 2015 年成为 Apache 软件基金会的顶级项目。自那时以来，Flink 经历了多个版本的迭代和发展，并逐渐成为流式处理领域的重要框架之一。

Flink 的关键特性包括：

（1）流式处理和批处理。Flink 既支持流式处理（Streaming）模式，能够处理实时的无界数据流，还支持批处理（Batch）模式，能够处理有界的数据集。这使得 Flink 能够在一个统一的引擎上进行流处理和批处理任务，提供了更好的灵活性和一致性。

（2）事件时间处理。Flink 注重事件时间（Event Time）处理，能够准确处理数据流中的事件时间信息。它支持处理乱序事件，能够处理延迟数据，并提供了灵活的时间窗口操作，使得在事件时间上进行精确的分析和计算成为可能。

（3）状态管理和容错性。Flink 提供了可靠的状态管理机制，可以对流处理中的状态进行高效管理和维护。它通过检查点（Check Point）机制实现一致性保证，并能够进行故障恢复，保证数据处理的可靠性和容错性。

（4）窗口操作和流处理算子。Flink 提供了丰富的窗口操作和流处理算子，如滚动窗口、滑动窗口、会话窗口等，以及常用的转换和聚合操作。这些操作和算子可以轻松地进行流处理任务的开发和编排。

（5）事件驱动的架构。Flink 采用事件驱动的架构，可以实现实时的事件处理和响应。它支持事件驱动的触发机制，可以根据数据流的变化触发计算和操作，并提供了事件驱动的编程模型。

（6）可扩展性和容错性。Flink 具有良好的可扩展性，可以根据需求灵活调整并行度，支持在大规模集群上运行。它还具备高度的容错性，通过检查点和故障恢复机制来保证数据的一致性和可靠性。

（7）生态系统和整合能力。Flink 拥有丰富的生态系统和整合能力，可以与各种数据源和数据存储进行无缝集成。它提供了与 Apache Kafka、Apache Hadoop、Apache Hive 等常用工具和系统的整合，方便在现有的数据生态系统中使用。

Flink 在电力电缆设备大数据分析领域具有广阔的前景。典型的应用场景包括：

（1）数据质量监控。电力电缆设备数据的准确性和完整性对数据分析至关重要。Flink 可以实时监控数据的质量，进行数据清洗、异常检测和数据补全，保证数据的准确性和一致性，提高数据分析的可信度和准确度。

（2）大规模数据处理。电力电缆设备产生的数据量通常非常庞大，需要处理海量的数据。Flink 具有良好的可扩展性和高吞吐量，能够处理大规模数据，支持并行计算和分布式处理，满足电力电缆设备大数据分析的需求。

（3）实时监测和故障诊断。电力电缆设备产生大量的实时数据，包括电流、电压、温度等指标，Flink 能够实时处理这些数据流，并进行实时监测和故障诊断。通过实时监测，可以及时发现设备异常情况并采取相应措施，提高电力设备的可靠性和稳定性。

（4）预测性维护。Flink 可以利用电力电缆设备的历史数据和实时数据，进行预测性维护。通过建立机器学习模型和实时分析，可以预测设备的故障风险，提前进行维护和修复，避免设备故障带来的停机和损失。

总之，Flink 在电力电缆设备大数据分析领域具有重要的应用前景。它的实时处理能力、状态管理和容错性、灵活的窗口操作和丰富的流处理算子等特点，使其成为处理电力设备实时数据和复杂分析场景的理想选择。随着电力行业对大数据分析的需求不断增长，Flink 有望在该领域发挥重要作用，提供高效、可靠和实时的数据处理解决方案。

第四节　数据分析建模技术

在大数据平台中，针对不同的任务需求、数据特点采用不同的数据分析与建模算法。根据功能的不同，可以对数据分析算法进行分类，可以将算法分为针对数据清洗、统计分析、特征提取等共性问题的通用数据分析算法技术，以及针对电力电缆设备状态监测、故障诊断、寿命预测与智能维护等高级应用的专用功能算法技术两大类。

一、通用数据分析算法

（一）数据预处理方法

数据预处理方法旨在通过初步的处理，提高数据的质量，为后续分析提供基础。具体包含以下方法：

（1）数据清洗，包括一致性检查、异常值检测、缺失值处理、平滑滤波等方法。

（2）数据集成，将多源异构数据集成到一个统一的集合中，包括相关分析、冲突值检测与处理等方法。

（3）数据变换，将数据变换为统一的形式，包括数据标准化、数据正则化、数据重采样等方法。

（二）信号处理方法

信号处理方法旨在针对各种类型的信号，按照预期目的及要求进行信号的表示、变换、运算等处理。具体包含以下方法：

（1）时域分析，设计不同的滤波器，对需要的信号进行增强，包括低通、高通、带通滤波器等，提取信号的时域特征，如脉冲因子、峰值因子、裕度因子、峭度等。

（2）频域分析，分析信号与频率而非时间有关的部分，具体方法包括傅里叶变换、小波变换等方法。

（3）时频分析，同时分析一个信号的频域时域分布，用于对非平稳信号的信号分析，具体方法包括短时傅里叶变换、连续小波变换、经验模态分解、S变换等。

（三）统计分析方法

统计分析方法旨在使用数理统计学和概率论的方法通过对数据信息的收集、整理、归纳、分析，对数据加以解释。具体包含以下方法：

（1）描述性统计，对数据进行汇总和表征，采用图表的方式反映数据的基本信息，包括计算数据的均值、方差、平均数、众数、中位数、偏度、峰度、分位数、直方图等。

（2）推断性统计，即统计推断，是根据样本的数据和信息，在概率论的基础上，推断和估计总体的数量特征，包括假设检验、参数估计等。

（3）多元统计分析，考虑多个变量（对象、指标）之间相互关联的情况下，分析其统计规律，包括多元回归分析、主成分分析、独立成分分析、因子分析、典型关联分析等方法。

（4）时间序列分析，对于一元或者多元时间序列，考虑时间上的依存性、随机波动的干扰等，从历史数据中总结其统计规律，并用于未来数据的预测和分析，具体方法包括自回归积分滑动平均（ARIMA）模型、谱分析、相关分析、趋势分析等。

（四）机器学习方法

机器学习方法旨在从数据中自动分析获得数据特征或规律，且随着数据的丰富，能够在学习过程中不断优化性能，包括以下方法：

（1）监督式学习，利用有标签的样本进行训练，建立样本信息与标签之间的模式，从而能够预测新样本的标签。具体的方法包括决策树、随机森林、*K* 最近邻、神经网络、支持向量机、朴素贝叶斯等方法。

（2）无监督学习，利用无标签的样本，自动地对样本进行聚类分群，具体的方法包括 *K*—均值、期望最大化（EM）、DBSCAN 聚类算法、层次聚类、谱聚类等。

（3）机器学习的最新方法，包括深度学习、强化学习、迁移学习、概率图模型等。

（五）最优化工具

最优化工具是指用于求解给定约束条件下，最大化或最小化目标函数可行解的工具，具体包括以下工具：

（1）数值优化算法，即线性规划、二次规划、非线性规划、随机规划等。

（2）启发式优化算法，即遗传算法、模拟退火算法、粒子群算法等。

（3）动态规划和马尔科夫（Markov）决策过程，适用于动态系统的最优化问题。

二、专用功能算法

按照电力电缆设备全生命周期健康监控所针对的设备生命阶段的先后顺序，功能算法可以进一步分为异常/故障预警、诊断溯源、寿命预测和智能维护四大类。

（一）异常/故障预警算法

（1）基于模型的故障预警算法：利用孪生模型、多元统计模型、时间序列模型，通过卡尔曼（Kalman）滤波、最小二乘、极大似然估计等方法对在线数据生成残差信号，再通过假设检验等方法评估残差大小，用以指示故障。

（2）基于机器学习的故障预警算法：通过无监督学习或半监督学习实现不同工作模式的数据聚类；通过支持向量机、深度学习、单类别（One-Class）等模式分类算法实现异常/故障检测。

（3）基于信号处理的故障预警算法：利用频域分析或时频分析，提取信号在变换域中的特征，若不同于正常工况的变换域特征，则认定为故障。

（二）诊断溯源算法

（1）基于模型的故障诊断方法：利用一组典型异常/故障的孪生模型、多元统计模型或时间序列模型，构造多个卡尔曼滤波器或参数估计器，从而生成多个残差信号，再通过一组残差信号检测结果的组合逻辑判断最有可能的故障原因。

（2）基于机器学习的故障诊断方法：通过多元统计或时频分析提取用于故障分类的数据特征；通过支持向量机、深度学习构建多类故障样本的分类器；通过数据挖掘方法解决少标签样本条件下的故障数据聚类；通过迁移学习、集成学习等方法实现不平衡样本条件下的故障分类。

（三）寿命预测算法

（1）基于时间序列模型的寿命预测算法：通过在线数据，对时间序列模型中的性能参量进行估计和预测，将性能参数首达失效阈值的时刻分布作为寿命预测分布。

（2）基于随机过程的寿命预测算法：通过随机过程来描述时变环境影响下的性能退化机制，包括基于隐马尔科夫的方法、基于伽马过程（Gamma Process）的方法、基于逆高斯过程的方法和基于维纳过程（Wiener Process）的方法。

（3）基于机器学习的寿命预测算法：根据机器学习模型的结构特点，基于机器学习的寿命预测算法分为基于传统机器学习的方法和基于深度学习的方法。基于传统机器学习的寿命预测方法主要利用支持向量机、多层感知器神经网络、基于径向基函数的神经网络和极限学习机。基于深度学习的寿命预测方法主要包括基于深度神经网络的方法、基于深度置信网络的方法、基于卷积神经网络的方法、基于递归神经网络的方法。

（四）智能维护算法

（1）传统数值优化算法：基于目标函数和约束条件的梯度信息，求解智能维护所构造的约束最优化问题。

（2）启发式优化算法：当智能维护最优化问题复杂、易于陷入局部极小时，采用遗传算法、模拟退火、粒子群等启发式优化算法。

（3）基于动态规划/强化学习的智能维护算法：在将维护策略的制定表述为马

尔科夫决策过程的基础上，动态规划提供了求解最优维护策略的迭代算法；在动态规划的框架下，强化学习能够克服动态规划方法的维数灾难问题并降低对于模型精度的依赖。

总而言之，不同的算法模型在电力电缆设备大数据分析中具有广泛的应用。通过合理选择和应用适当的算法模型，可以实现设备状态监测、故障诊断、运维优化等多个方面的数据分析与决策支持，为电力行业提供更高效、可靠、安全的运营管理。

第三章
同步多通道电力电缆设备时间序列状态监测数据特征选择方法

第一节　电力电缆设备时间序列状态监测数据

一、电力电缆设备时间序列状态监测数据特点

时间序列（TS）数据是按照时间顺序所记录的一系列数据，现实世界中有大量以时间序列形式存在着的事物，如声音、温度、光电信号、脑电波、股票等。随着计算机计算和存储能力的增强，时间序列数据记录与特征分析在环境、金融、工业控制、天文、医学等领域都有广泛的需求。在过去的几十年里，研究人员对不同领域产生的海量时间序列数据进行了深入挖掘与分析，如天气预报、异常检测、基因分析、行为识别等，时间序列已经成为数据挖掘领域最具挑战的问题之一。时间序列数据特征隐藏在不同时间片段中，在数据分析时需要充分考虑数据的时序特征，这提高了时间序列数据的分析难度。

在电力电缆专业中存在着大量时间序列监测数据，如电力电缆负荷数据、电力电缆局部放电数据、电力电缆接地电流数据、电力电缆及其附属通道温湿度、气体、水位、震动监测数据等。另外，由于电力电缆多层绝缘结构的密闭程度高，且电力电缆绝缘老化失效周期性长的特点，电力电缆内部水树枝、电树枝的绝缘失效的过程无法通过常规的观察进行判断，在长周期的过程中，绝缘失效的缓慢过程需要使用数据工具进行深入挖掘，研究线路的运

行状态。

时间序列数据通常具有以下特性：

（1）数据维度高。这一方面占用大量存储空间，另一方面也造成诸多算法难以在可接受的时间内完成处理任务，尤其是时间序列的分类、聚类算法具有高时间复杂度。

（2）数据噪声大。噪声问题是所有机器学习算法的共同难题，在时间序列数据中，离群值与偏移值出现频率高。

（3）数据不充分。当面对不完整的时间序列，或是时间序列数据集本身具有类别不平衡问题时，难以判断时间序列中用于分析的数据是否充足。

（4）数据时间依赖跨度未知。尽管时序数据对时间变量具有明确的依赖性，但是这种依赖的时间跨度是未知的。

时间序列研究任务可分为时间序列数据分类、聚类和预测任务成功3大类。时间序列分类，目的是找到时间序列空间映射到类值空间的函数，该任务主要区分序列间的差异，通过分析序列中有助于区分不同序列的特征，最终确定该序列所属的类别。时间序列聚类，通过一套判断标准，将相近的时间序列数据组织到同一组别中，该任务主要寻找序列间的相似特征，在无监督的情况下实现序列的聚类。时间序列预测则通过分析历史观测结果，寻找时间序列中的潜在趋势特征，对非线性系统中的基本关系建立数学模型，实现对未来发展趋势的预测。通过上述分析可知，合适的时间序列特征选择方法是时间序列数据分类、聚类和预测任务成功的关键。

二、电力电缆设备时间序列状态监测数据研究方式

（一）电力电缆状态监测数据时间序列分类

时间序列分类（Time Series Classification，TSC）是研究最广泛的问题之一，首先通过算法获取序列的特征，然后将特征输入分类器中实现时间序列的分类。根据时间序列的长度选择，可分为全序列与子序列两类分类方法。全序列研究侧重距离函数的选择，通过距离函数量化序列差异，最终通过最近邻分类器（Nearest

Neighbor，1NN）完成分类。如真实惩罚编辑距离（Edit Distance With Realpenalty，ERP）、移动拆分合并（Move-Split-Merge，MSM）方法、动态时间弯曲（Dynamic Time Warping，DTW）及 DTW 的改进等。子序列研究侧重子序列的划分方式，利用提取的子序列构建分类器。如时间序列特征包（Time Series Bag Of Features，TSBF）、时间序列（Time Series Shapelets，TS）、快速序列（Fast Shapelets，FS）。当子序列的重复频率是重要分类依据时，开发基于字典的方法。在找到子序列的基础上，对子序列出现的频率计数，然后基于所得的直方图建立分类器。方法包括模式袋（Bag-of-Patterns，BOP）方法、符号化傅里叶近似袋（Bag-of-SFA-Symbols，BOSS）方法。

根据机器学习类型可分为传统机器学习和人工神经网络两种方法。在传统机器学习中，基于集成方法策略，组合已有的 TSC 方法，综合特征选择能力，可获取更高的准确度。例如，基于变换集成方法（Collective of Transformation-Based Ensembles，COTE）和分层投票 COTE（Hierarchical Vote COTE，HIVE-COTE）。集成方法的缺点是算法的复杂度高，生成的模型难以被优化。人工神经网络能够以简洁高效的方式学习复杂的数据表示，如通过卷积神经网络（Convolutional Neural Networks，CNN）进行序列形状特征选择，通过循环神经网络（Recurrent Neural Network，RNN）发现时序模式，将两者组合构建自动编码器等。另外，还有全卷积神经网络（Fully Convolutional Network，FCN）、残差网络（Residual Networks，Res-Net）和群约束卷积循环神经网络（Group Constrained Convolutional Recurrent Neural Network，GCRNN）。

（二）电力电缆状态监测数据时间序列聚类

聚类是一种数据挖掘技术，将相似的数据放入相关或同质的组中，而无需了解组的定义。由于时间序列分类与聚类问题具有极大的相似性，因此，分类的一些技术可以直接运用到聚类任务上。

与分类方法类似，时间序列聚类的相似性可以分为时域相似、形状相似和变化相似 3 种情形。对于时域相似，计算方法有傅里叶变换、小波分解或分段聚合近似（Piecewise Aggregate Approximation，PAA）。对于形状相似，模式出现的时间对时间序列并不重要，因此，可以利用时间分类中 DTW 等一系列弹性距离函数。对于变化相似，往往采用建模的方法，比如使用隐马尔可夫模型（Hidden Markov Models，HMM）、自回归滑动平均模型（Auto-Regressive Moving Average，AR-MA），当模型拟合完毕后，通过对模型参数进行相似性度量完成聚类。

根据时间序列的长度，聚类方法也可以分为形状水平和结构水平两种。形状水平通过比较序列之间局部模式来测量短时间序列聚类中的相似性，欧氏距离（Euclidean Distance，ED）、DTW、最长公共子序列（Longest Common Subsequence，LCSS）、MSM 等方法适合短时间序。结构水平基于全局和高级结构来测量相似性，适合较长的时间序列数据，比如基于统计量的方法和 HMM、AR-MA 这种基于模型的方法。

根据聚类的初值计算方法，可分为中心点法、序列值平均法和初始值搜索 3 种方法。中心点法本质上是一个时间序列，该序列可以使到群集中其他对象的平方距离之和最小化。对给定的时间序列，可以通过 DTW、ED 方法计算所有时间序列对的距离，从中挑选中心点。序列值平均法是求序列平均值。针对不同的距离函数和长度，采取不同的策略。当以度量函数作为距离函数且时间序列等长时，可以采取序列值平均法。当基于 DTW、LCSS 这类弹性度量时，按照时间序列的层次结构对或顺序对组合的方式对估计的平均序列进行迭代优化。如佩蒂金（Pentitjean）提出了一种平均时间序列的全局技术，通过最小化估计的平均序列到其他序列的平方距离，优化平均序列。初始值搜索法首先计算聚类的质心，然后使用平均值法，基于变形路径计算聚类初始值。派柏雷兹（Paparrizos）提出一种 K 多形聚类（K-MultiShapes，k-MS）方法，通过多形提取（Multi Shapes Extraction，MSE）计算每个群体的多个质心，考虑每个群体中时间序列的接近度与空间分布。

（三）电力电缆状态监测数据时间序列预测

时间序列预测的关键在于发现时间序列中潜在的趋势。时间序列预测方法可分为回归模型与机器学习方法两类。

回归模型方法，适合平稳时间序列，主要有自回归模型（Autoregressive，AR）、自回归滑动平均模型（Auto Regressive Moving Average，ARMA）和差分整合移动平均自回归模型（Auto Regressive Integrated Moving Average，ARIMA）。在实际情况中，时间序列一般是不稳定的，其方差、均值、频率会随时间变化，导致回归模型方法性能急剧下降。

机器学习方法可分为传统机器学习和人工神经网络。德鲁克（Drucker）提出支持向量回归方法（Support Vector Regression，SVR），虽然在金融、电力负荷、商品价格等预测应用中产生了巨大潜力，但在时间序列预测任务中存在着一些局限性，当数据集变大时，SVR 方法会消耗大量的时间资源。循环神经网络通过隐藏层状态的传递，使得网络对序列输入具有记忆功能，这种特性可用于获取时序特征。随着 RNN、长短时记忆网络（Long Short-Term Memory，LSTM）、回声状态网络（Echo State Network，ESN）的发展，基于神经网络的时间序列预测已成为研究热点。发展出两阶段注意力的 RNN（Dual-stage Attention-Based RNN，DA-RNN），拉普拉斯 ESN（Laplacian ESN，LAESN）方法等。

时间序列分类、聚类和预测任务在特征选择方面具有相似性。从时间域的波形出发，比对全序列、子序列的相似度来完成时间序列分类和聚类任务，如 DTW、序列（Shapelets）和 CNN 等方法。从时间依赖的角度出发，分析序列的内在联系，最后进行预测，如 FCN、ESN 和 LSTM 等方法。随着时间序列的维度升高，特征选择过程占算法效率的比重逐渐升高，时间序列的噪声同样制约着算法的分析性能，通过降维、变换等方法，加快序列的特征选择效率将会提升算法的总体效率。由于时间序列特征选择方法具有较高的通用性，对这些方法进行总结归纳，将促进时间序列分类、聚类和预测领域产生更加优秀的算法，同时能为特征选择方法的创新提供思路。

第二节　特征选择算法的基本结构与分类

一、特征选择算法的基本结构

对于一个由 N 个特征组成的对象，可以产生 $2N$ 个特征子集，特征选择就是从所生成的特征子集中选择出对特定任务更有益的最佳特征子集。最佳特征子集不仅要取得最少的特征数目，还要使得训练出的分类器的分类性能最好。特征选择算法的基本结构如图 3-1 所示。

图 3-1　特征算法的基本结构

由图 3-1 可知，特征选择算法通常分为以下 4 个基本步骤：

（1）子集的生成。这一步骤是通过特定搜索策略搜索特征子集空间的过程，主要任务是为后续评价函数提供相应特征子集。所采用的搜索算法可以分为 3 类，即全局搜索、启发式搜索及随机搜索。

（2）子集评估。对子集的评估需要采取一系列的评价函数，其主要目的是对所选特征子集的好坏程度进行评价。可以把评估准则根据与学习算法的关联情况分成独立准则和关联准则两种。独立准则与学习算法是相互独立的，对所选特征子集的评价需要借助特征的内在特性，在以筛选器模型为基础的特征选择算法中有较多应用。用得比较多的独立准则有信息度量、距离度量、关联性度量及一致性度量等。关联准则与学习算法是相互关联的，确定学习算法的同时，利用学习算法的性能作为评价准则，在以封装器模型为基础的特征选择算法中用得比较多。这种准则的时间复杂度高且通用性不强，但所取得的效果不容小觑。

信息度量：该度量准则的主要任务是计算特征的信息增益。信息增益的程度由信息熵的变化程度来度量，"熵"表示"一个系统的混乱程度"，熵越大，系统的不确定性越高。假设集合 D 中第 k 类样本所占比例为 p_k，则 D 的信息熵为 $Ent(D)$，即

$$Ent(D) = -\sum_{k=1}^{|y|} p_k \log_2(p_k) \tag{3-1}$$

$Ent(D)$ 的值越小，则 D 的纯度越高。信息熵是对不确定性的一种描述，结

合信息熵得出某个属性的信息增益，这里以计算属性 a 的信息增益为例，具体公式为

$$Gain(D,a) = Ent(D) - \sum_{v=1}^{V} \frac{|D^v|}{|D|} Ent(D^v) \tag{3-2}$$

距离度量：遵循同类样本距离小、异类样本距离大的原则。常用的有欧氏距离、马氏距离等。欧氏距离计算公式为

$$d(X,Y) = \sqrt{\sum_{i=1}^{n}(x_i - y_i)^2} \tag{3-3}$$

马氏距离计算公式为

$$d(\vec{x},\vec{y}) = \sqrt{\sum_{i=1}^{p} \frac{(x_i - y_i)^2}{\sigma_i^2}} \tag{3-4}$$

关联性度量：可以解释为通过一个已知变量去获取一个未知变量值的能力。在有监督特征选择算法中，着重考虑的是特征与类之间的关联性。而在无监督的特征选择方法中，主要考虑的是特征与特征之间的关联性。

一致性度量：该度量指标的主要目的是试图找到与全部数据特征集具有相同性能的最优特征子集。假如样本 1 与样本 2 不属于同一分类类别，但它们在特征 A 和 B 上的取值相同，特征子集 $\{A，B\}$ 也不能选作为最终的特征子集。

（3）终止条件与评价函数息息相关，指终止算法搜索过程所需要满足的具体要求。常用有执行时间、评价次数及设置阈值等 3 种停止准则。

（4）结果验证。通过先验知识，以及对验证集进行实验的结果，来验证所选特征子集的有效性。

二、特征选择算法的分类

目前，对于特征选择方面的研究主要包括 4 类：基于时间序列的特征选择算法、基于特征子集评价策略的特征选择算法、基于搜索策略的特征选择算法、基于不同监督信息的特征选择方法。其中，每一类方法又有其不同的实现方法，如图 3-2 所示。

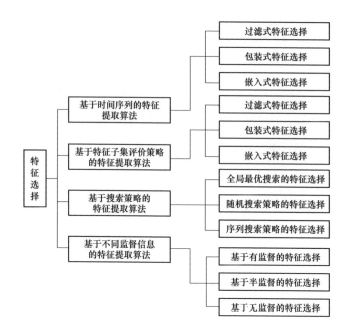

图 3-2　特征选择的方法

第三节　基于时间序列的特征选择算法

时间序列特征选择算法主要有以下 3 种方法：

（1）形状特征。这是一种在时域上最直观的方法，序列的波形反映了变量的趋势，波形本身就是序列的辨识性特征。

（2）时间依赖特征。通过对时间序列中相邻或不相邻的数值或片段进行分析，提取出时间序列中存在的长时间依赖特征。

（3）序列变换特征。通过将时间序列进行空间变换，用一种保留时间序列特征或降低时间序列维度的新的表示形式，抑制时间序列的噪声，补全不完整的数据。

一、形状特征

时间序列存在非对齐、局部形变、噪声干扰的问题。比如，序列局部发生压缩、拉伸时，一对一比较法无法解决该问题。此外，时间序列中并非每个时间点都能提供所需的特征，如在运动传感器的时间序列中，动作发生改变时的时间序列要比保持不动时的时间序列更有价值。基于这些问题，开发了弹性度量、时序（Shapelets）和 CNN 方法。

（一）弹性度量

1994 年，博恩特（Berndt）等人将 DTW 方法引入到时间序列的度量上，有效地解决了时间序列非对齐和相位偏移的问题。DTW 方法通过一种拉伸拟合的策略，目标是最小化两个序列之间变形路径的距离。如果将待比较的两个序列称作 S 和 T，长度为 n 的 S 与长度为 m 的 T 可以排列成 $n×m$ 的网络，变形路径 $W=\{w_1, \cdots, w_k, \cdots, w_p\}$，用于映射或对齐 S、T 的元素，w_k 是变形路径点，形式为（i, j），表示 S 的第 i 个值与 T 的第 j 个值对齐。如公式（3-5）所示，DTW 方法的目的是寻找一条变形路径 W，使得两条序列之间的距离最小

$$DTW(S,T) = \min {}_w[\sum_{k=1}^{P}\delta(w_k)] \tag{3-5}$$

编辑距离是另一类弹性度量方法，目的是解决 DTW 不满足三角不等式的问题。编辑距离方法的核心是定义一系列序列编辑操作，通过比较序列变换所使用的各种编辑操作次数来衡量两个序列之间的差异。该方法具有转换不变性，对时间序列局部形变具有鲁棒性（Robust）。陈启申在 LCSS 基础上提出 ERP 方法，综合 L1 范数与编辑距离策略，该方法支持时间序列局部时移，满足三角不等式。马特乌（Marteau）提出时间弯曲编辑距离（Time Warp Edit Distance，TWED）方法，在 ERP 的基础上引入刚度参数控制 TWED 的弹性，在非均匀时间序列上有较好的表现。史蒂丹（Stefan）提出 MSM 方法，定义了移动（Move）、拆分（Split）和合并（Merge）3 种操作，用于解决 ERP 方法没有平移不变性问题，两个序列之间的 MSM 定义为将前者序列转换为后者序列所需要的最小成本。

DTW 和编辑距离都是面向全序列的距离函数。与 DTW 方法不同，编辑距离方法可以获取幅度变化轻微的细节信息，适合处理序列关键特征在小细节上的问题，比如 LCSS、MSM 在图像轮廓展开的时间序列上表现良好。而 DTW 方法对序列拉伸、压缩具有较强鲁棒性，在姿态传感器时间序列中具有更好的表现。同

样的动作，快速完成与正常完成所采集的时间序列，在形状上存在局部压缩现象。

从全序列角度考虑，容易受到噪声干扰。另一类弹性度量从局部片段出发，对每个片段分别提取统计特征。贝多安（Baydogan）提出 TSBF 方法，使用特征袋（Bag of Feature，BoF）有效集成来自时间序列各部分的局部信息，对局部特征集合的个数假设更为宽松。通过提取子序列特征，组成特征包，构建和学习密码本，使用随机森林分类器对序列进行分类。Baydogan 提出 LPS 方法，基于时间序列森林（Time Series Forest，TSF）和 TSBF，首先以自回归的方式从时间序列的各部分中学习基于模式的表示，然后基于该表示进行 LPS 的相似度度量，该方法更加关注序列中模式的重复次数。

（二）Shapelets 方法

时间序列中，并非每一点的数据都有价值，ED、DTW 方法考虑整个时间序列，容易使噪声干扰掩盖掉序列中高价值的可辨识小序列。Shapelets 方法通过寻找能够定义一个类，并且可以出现在序列中任何地方的短模式，进而实现特征选择，降低了噪声干扰的影响。对时间序列记录的本质而言，简短的子序列往往可以当作事件进行考虑，这是 Shapelets 能够提高算法解释性的根本原因。

基奥（Keogh）的 Shapelets 方法通过枚举搜索新的 Shapelets，使用信息增益来获取最佳 Shapelets。Shapelets 方法考虑到序列中局部形状和序列标签之间的关系，为算法提供了可解释性。该方法只匹配 Shapelets 的存在结果，执行效率极高，但 Shapelets 寻找的时间复杂度为 $O(n^2m^4)$，是一个相当耗时的过程，其中 n 为数据集中实例的数目，m 为最长时间序列的长度。

为了提高 Shapelets 的搜索效率，拉克森曼农（Rakthanmanon）提出 FS 方法，将时间复杂度降低为 $O(nm^2)$，通过对原始时间序列进行符号聚合近似值（Symbolic Aggregate Approximation，SAX）表示，再利用随机投影查找潜在的 Shapelets 候选。实验结果显示，FS 方法所搜索到的 Shapelets 与传统方法在分类精度上没有显著差异。格拉博卡（Grabocka）提出学习 Shapelets（Learning Shapelets，LS）方法，开始先预估一个最优 Shapelets，再通过最小化分类损失函数，迭代学习并优化形状，使用梯度下降法更新 Shapelets，最终得到关键有效的多个

Shapelets。张思远提出无监督显著子序列学习模型（Unsupervised Salient Subsequence Learning，USSL），通过伪标签将无监督学习变为监督学习，利用 shapelets 正则项过滤掉相似的 shapelets。LS 方法是通过学习过程有目的地进行优化，因此，效率要远远高于基于暴力搜索的 Shapelets 方法和快速序列（Fast-Shapelets）方法。

如何区分最优的 Shapelets，是 Shapelets 方法的一大难题。莱恩斯（Lines）提出决策树 ST 方法，使用信息增益评估 Shapelets，在一次变换中从数据集中提取多个候选最佳 Shapelets，然后计算时间序列实例到这些 Shapelets 的距离，完成分类。波斯特洛姆（Bostrom）提出二分类 ST（Binary Shapelets Transform，binary ST）方法，认为分类问题中最有效的 Shapelets 应该能够将本类与其他类区分开，通过定义一个二分类的 Shapelets，缓解 Shapelets 处理多类问题时易产生类别混淆问题，提升了 Shapelets 区分重要类别能力。

Shapelets 方法解决多变量时间序列特征选择时，还需要考虑序列维度间的特征。穆斯塔法（Mustafa）提出 MC2 方法，对比了单维度时间序列 Shapelets 特征选择与多维度 Shapelets 集成特征选择方法的效果。他的研究结果显示跨维度的 Shapelets 方法并没有得到预期的效果提升，反而是针对单维度的 Shapelets 特征选择方法效果更好。

对较长时间序列，由于 Shapelets 方法没有考虑更高层的特征，效果往往不够理想。受文本处理中 BoW 方法的启发，杰西卡·林提出 BOP 方法，通过提取的 Shapelets，使用 SAX 方法构建单词序列矩阵，借助 SAX 代表 TS 中的一个模式，实现了大长度时间序列的高级特征选择。

（三）CNN 方法

在计算机视觉领域，CNN 是一种能够有效提取图像空间特征的方法。为了提取时间序列中的形状特征，将时间序列看作向量，从空间角度获取高维特征是一种可行方案，一些研究者对此进行了探索。

王晓斌将多层感知器（Multi-Layer Perceptron，MLP）、FCN、ResNet 引入到时间序列问题中，其中 MLP 为 3 个隐层和 1 个 Softmax 输出层；FCN 在输入层堆叠尺寸分别为 {128，256，128} 的 3 个卷积核，然后使用一个全局池化，最后

Softmax 输出；ResNet 堆叠 3 个残差块，然后使用全局池化，最后经过 Softmax 输出。时间序列作为一个向量直接输入。试验结果表明，与传统机器学习方法 COTE 和 HIVE-COTE 相比，FCN 与 ResNet 方法能够得到相当或更好的结果，同时网络训练简单，不需要任何特征选择和数据预处理过程。

翁恩达提出双流结构卷积神经网络，用于结构化多变量时间序列的分类问题。首先，数据被处理为时间步长、空间结构、特征维度所组成的三维张量，双流 CNN 模型基于一组双流卷积内核，一条路径从输入的时间轴和特征轴学习时间信息，另一条路径从输入的结构轴和特征轴学习结构信息。双流的输出共同由高维特征选择器整合，最终通过分类器确定分类结果。该方法克服了结构化多变量时间序列中，RNN 难以学习非顺序依赖特征的问题。

CNN 能够利用卷积核，筛选序列中可辨识特征，通过多层卷积，使特征不断抽象化，最终形成一种深度特征。但卷积考虑得更多是形状特征，对时间序列的时间依赖性考虑不足。与 Shapelets 不同，卷积核尺寸选择有限制，为了达到更大的感受野，只能通过叠加更多卷积层来实现。

二、时间依赖特征

时间序列的时间依赖是一种重要特征，在医疗、故障诊断、姿态识别领域，事件的顺序是问题处理的关键。时间序列的时序依赖往往是未知的，既不知道前后是否存在关系，也不知道存在时间依赖的时间跨度。在时间序列的预测问题上，时间依赖特征是进行预测的重要依据。

（一）循环神经网络

LSTM、GRU 是重要的循环神经网络单元，可以传递网络状态信息，实现网络记忆功能，且容易与其他神经网络组合，因此，它们成为获取时间依赖特征的一种思路。

将 CNN 与 GRU 进行串联，林远提出 GCRNN 方法，该方法由 3 个堆叠模块组成：CNN 模块、RNN 模块和具有稀疏组 Lasso 惩罚（Sparse group lasso，SGL）的 FC 模块。时间序列首先输入到 CNN 用于学习模式特征，随后这些特征被送入

RNN 模块用于 TS 时间特征建模，RNN 的输出连接到 FC 中进行最后的输出。

时间序列中，时间依赖关系极为复杂，比如多个子事件的共同进展构成最终事件。胡骁提出 CH-LSTM 模型，包括 3 层 LSTM 网络，第 1 层是子事件级编码，将输入的单词序列表示为密集向量；第 2 层在前一层的基础上将各子事件的密集向量嵌合在一起，得到事件级编码；第 3 层使用解码器 LSTM，预测未来子事件中可能的单词，该方法实现了从子事件和事件两个层面共同挖掘序列的时间依赖关系。注意力机制对神经网络的记忆有着进一步筛选的功能，张洪德提出基于注意力的时间感知 LSTM 网络（Attention-Based Time-Aware LSTM Networks，ATTAIN），采取弹性注意力，动态调整所参考的记忆窗口大小。由于注意力的引入，过去的事件对当前事件的影响可以通过注意力值来衡量，为时间依赖关系的可解释性提供了一个可行思路。

原始 LSTM 单元通过状态传递实现网络记忆，单元的输入值通过输入门、遗忘门和输出门，对 LSTM 单元状态进行更新。使用 LSTM 捕获 UTS 的时间依赖关系是一种常规做法。当问题扩展到 MTS 时，一般的处理策略是将时间序列的每个维度单独按照 UTS 方法处理。这种做法忽略了时间序列不同维度之间的关联，没有利用 MTS 的多序列相关信息。石启辰提出 ConvLSTM 在状态的输入与传递之间添加卷积运算，构建了一种全新的 LSTM 单元，与原始 LSTM 相比，ConvLSTM 可以更好地捕捉时空相关性。王长兴在 ConvLSTM 单元的基础上构建了 CLVSA 模型，用于金融市场趋势预测。

（二）反馈网络

反馈网络（Recurrent Network）具有强大的联想记忆能力。对时间序列的首次输入可以得到粗略分类，进一步预测会逐步完善预测的结果，从而达到由粗到细的分类效果。

王伟提出循环深层信任网络模型（Cycle Deep Belief Network，Cycle_DBN），如图 3-3 所示，网络基于两层深度信念网络（Deep Belief Network，DBN）H1 和 H2 进行特征学习，由于该方法目的是进行时间序列分类，因此，DBN 经过 Softmax 进行最终输出，然后将网络输出作为反馈信息传递到下一次输入。该模型集成了 DBN 强大的特征表示能力，并利用了时间序列数据的时间相关性信息，两者结合提高了模型分类效果。

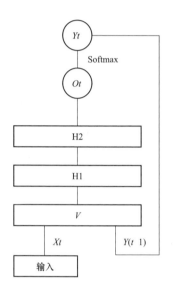

图 3-3　循环深层信任网络模型

王立华提出了一种称作残差分类流（Residual Classification Flow，RCF）的方法。RCF 包含许多独立分类器，其中分类器从不同的级别进行分类，且分类结果将会传送到下一层的分类中，用于不同级别的多级小波分解网络（Multilevel Wavelet Decomposition Network，mWDN），输入的原始序列经过多层网络分解，H 结构用于提取高频子序列，L 用于提取低频子序列，是一个前向神经网络，接收本层 H、L 的提取结果，用于执行分类任务。L 提取的低频子序列会传递到下一层继续进行分解，同时上一层的分类结果也会传递到下一层，用于辅助分类器分类。因此，RCF 模型可以从不同的时间/频率中充分利用输入时间序列的模式。

三、序列变换特征

序列变换特征是通过特定的人工神经网络将时间序列从原始形式转换到另一种表示形式的特征。序列变换能够有效应对时间序列中存在的噪声、失真等问题，通过学习可以从原始时间序列中获取关键信息。序列变换方法包括自动编码和

seq2seq 变换等。

（一）自动编码

ESN 是一种新颖的循环网络，其结构如图 3-4 所示，ESN 网络由输入层、存储池和输出层构成，储存池的状态通过反馈矩阵 W' 进行传递，训练时只需要学习存储池到输出层的连接权重 W_{out}。由于不需要计算隐藏层的梯度，减少了神经网络络训练时间，解决了梯度消失问题。

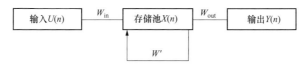

图 3-4　ESN 网络的结构

存储池具有状态记忆的能力，可以对时序依赖进行传递，实现输入空间到特征空间的转换。杨骏指出，原始 ESN 中，为了满足回声特征，存储池权重矩阵的谱半径小于 1，在训练过程中可以通过回归技术直接计算输出权重，如广义逆矩阵、贝叶斯回归、吉洪诺夫（Tikhonov）正则化，但是这些 ESN 训练方法忽略了输入的高阶统计量，得到的 ESN 信息处理能力受到限制。因此，提出 PESN 方法，将原始 ESN 的多项式输入同时直接连接到输出层，使用奇异值分解（Singular Value Decomposition，SVD）方法生成 PESN 的存储池权重矩阵，会充分考虑到输入的高阶统计量信息。

通过 ESN 将原始高维度的时间序列转换到对应的模型空间是解决序列特征变换的另一种思路。龚天硕提出多目标模型度量方法（Multiobjective Model-Metric，MOMM），使用 ESN 将时间序列变换到模型空间，为每个时间序列学习生成模型，用于表示时间序列。在模型空间上执行学习算法，提高了多目标优化表达能力和分割能力，在训练样本较少的情况下，仍能保持较好的效果。

通过 ESN 预测高维时间序列数据时，需要使用大容量的存储层，受限于采样技术，数据集样本数量过低，远少于存储层中神经元的数量，由此造成模型预测结果的不准确。韩君提出 LAESN 模型，通过拉普拉斯（Laplacian）特征图算法降低时间序列数据的维数，使用 ESN 将时间序列映射到大型存储层，通过构建和大型存储层相关的邻接图，采用拉普拉斯特征映射来估计流形，最后基于低维流形计算特征输出，这些措施有效地解决了上述问题。

在神经网络中引入注意力机制，可以有效应对信息过载，使网络聚焦到核心特征的处理中。秦国强提出通过两阶段注意力机制的 DA-RNN。第 1 个阶段，引入注意力机制，通过参考编码器的前一个状态自适应地提取输入时间序列的特征；第 2 阶段，使用注意力机制在所有时间步长中选择相关的编码器隐藏状态。

（二）Seq2Seq 变换

时间序列问题中，输入时间序列长度不同，数据本身可能存在缺失。序列到序列变换（Sequence to Sequence，Seq2Seq）是一个编码器—解码器（Encoder-Decoder）结构的网络，实现不等长的输入序列变换为等长的向量表示的效果，能够解决时间序列数据的不等长问题。

在跨领域特征选择方面，潘卡（Pankaj）提出 TimeNet 方法，假设时间序列领域之间具有共同的内部特征，使用无监督方法，利用 Seq2Seq 变换方法来提取多个领域的时间序列特征，在 UCR 等几个开源数据集上进行试验。结果表明，多领域 TimeNet 性能要高于单一领域的方法。

在数据缺失方面，拉简（Rajan）提出一种使用 Seq2Seq 的有限通道心电图信息生成方法。通过串联 LSTM 单元构成编解码器，隐式生成心率检测中缺少的通道信息，最终使用随机森林法进行分类，克服了原有心率检测中存在的测量噪声、患者的波动模式、标记的歧义性等干扰。

第四节　基于评价策略的特征选择算法

特征选择的定义是在理想状况下寻找使得模型发挥效用的最小特征集合。基于评价策略的特征选择的定义指在特征与原始数据集分布相似的情况下，尽可能地找出较小的特征子集。因此，根据算法过程中子集评估准则和后续算法的结合方式，可以把特征选择算法分为过滤式、包装式及嵌入式三种类型。

一、过滤式（Filter）特征选择

　　早期的特征选择算法大多属于过滤式特征选择方法，该方法在进行模型训练之前需要对数据集进行特征选择，两者之间是相互独立的关系。过滤式方法在评价所选特征的预测能力时，会借助一些基于信息统计的启发式准则，所选特征子集根据评估准则的不同而不同，但是可以快速剔除噪声特征，其计算效率较高，通用性强。不一致性度量准则最先由阿姆利亚姆等人提出，随后他们提出一种被称为 FOCUS 的特征选择算法，该算法的计算复杂度相对较高，且过于依赖搜索过程。达希等人提出了一种基于一致性的有效特征选择算法，该方法使用不一致度量去评估特征子集的优劣。瓦克等人提出了一种基于帕尔森窗口（Parzen Window）计算输入变量和类变量之间的互信息的新方法。彭一凡等人提出一种两阶段的特征选择算法，该算法结合 mRMR（最小冗余最大相关准则）和其他更加复杂的特征选择器，在特征选择和分类准确性方面有了很大改进。伊斯特维斯（Esteves）等人使用平均归一化互信息作为特征之间的冗余度的度量，提出了一种基于互信息的过滤式特征选择滤波方法，并将该方法与遗传算法相结合形成一种称为 GAMIFS 的混合过滤器方法。布鲁纳托等人提出了一种基于精确互信息的过滤式特征选择方法，他们的研究表明，在二分类和多分类任务中使用精确互信息识别的特征集进行实验具有显著的性能优势。崔文岩等人将粒子群算法和支持向量机分类器引入到特征选择过程中，提出了一种基于粗糙集粒子群支持向量机的特征选择方法（RSPSO-SVM），该方法加速了迭代过程并缩短了筛选时间。董红斌、滕旭阳等人提出了特征排序方法，并结合参数分析提出了一种基于关联信息熵度量的自适应特征子集选择方法，为之后的数据挖掘工作带来很好的借鉴意义。

二、包装式（Wrapper）特征选择

　　包装式（Wrapper）特征选择与过滤式方法有所不同，过滤式方法不需要考虑后续的学习器，而包装式是依赖于所选择的学习算法，特征子集的评价准则采用即将使用的学习器的性能。包装式方法最先由克哈维等人提出。目前，有关包装

式的方法成为特征选择领域的研究热点。辛迪瓦尼等人使用类标签和分类器之间的互信息作为目标函数，将多类支持向量机与多层感知器联系在一起，提出了一种基于最大输出信息的高效的包装式特征选择算法。刘晓忠等人提出了一种基于包装器的多层感知器（MLP）神经网络随机扰动的特征选择方法，该方法具有特别好的表示能力。叶婷婷、刘明霞等人将有效距离引入了特征选择，提出一种基于有效距离的多模态包装式特征选择方法，该方法对样例全局与局部的关系表现出较好的反应能力，从而对多模态数据的分类性能具有极大提升。曹宇等人提出了一种针对缺失数据进行分类的包装式特征选择方法，该方法从数据集中的缺失数据入手，对筛选丢失的数据进行分类操作，从而使分类器的测试精度有了很大提高。包装式方法需要对学习器进行多次训练，计算开销相对过滤式方法较大。

三、嵌入式（Embedded）特征选择

嵌入式特征选择是将特征选择过程与学习器训练过程相互联系到一起，它是过滤式和包装式的组合式算法。其基本思想是：首先用过滤式方法对特征进行预选，剔除冗余特征的同时降低数据集的维度；随后采用包装式方法从所预选出的特征子集中进行精选操作。从根本意义上来说，ID3 算法和 CART 算法都属于嵌入式特征选择方法。塞迪奥诺等人使用三层前馈神经网络来选择那些对于区分给定输入模式集中对类最有用的输入属性，提出了一种基于前馈神经网络剪枝思想的特征选择算法。沈洋等人通过计算特征空间上具有和不具有该特征的 SVM 概率输出的绝对差值的合计值来评估特定特征的重要性，提出了一种基于 SVM 概率输出灵敏度分析的嵌入式特征选择算法。周红标等人对多元序列预测建模过程中如何高效选择特征这一问题进行了深入研究，并将数据驱动型 KNN 用于对高维变量之间互信息的估计，提出了一种基于高维 KNN 互信息的特征选择算法，他们通过基于多层感知器神经网络预测模型的仿真实验验证了该方法的有效性。

前面概述了 3 种基于不同评价策略的特征选择方法，它们存在各自的优势与不足。下面从使用效率、使用场景及优缺点等几个方面对 3 种不同方法进行比较，见表 3-1。

表 3-1　　　　　　　　　　　基于评价策略方法的比较

特征选择方法	过滤式	包装式	嵌入式
效率	较高	基于序列搜索的较高。基于随机搜索的较低	较高
使用场景	适用于大规模数据集	不适合高维数据集	可处理高维数据集
优点	不依赖于特定分类器，算法的通用性强，复杂性低。特征子集冗余度较低	特征子集分类性能通常更好，效率较高	特征子集性能较好，效率较高
缺点	算法的评估准则独立于特定的学习算法，所选的特征子集在分类精确率方面通常低于包装式方法	通用性弱，计算复杂度很高	依赖具体的学习算法，可能出现过拟合情况

第五节　基于搜索策略的特征选择算法

除了根据评价策略对特征选择方法进行分类之外，还可以根据特征选择过程中所采用的搜索策略，把特征选择算法进行分类，分为全局最优搜索策略、随机搜索策略及序列搜索策略的特征选择算法。

一、基于全局最优搜索策略的特征选择

全局最优搜索指的是从原始特征集选择出最优的特征子集，也就是说所获得的特征子集能使给定的评估准则取得最优解，目前用得较多的有穷举法和分支定界法。这两种方法只适用于低维度的特征集，时间复杂度随着特征维度的增加而增加。

二、基于随机搜索策略的特征选择

这种方法需要先从原始特征集随机选取一个特征子集，紧接着有两种不同的处理方式，一种是将随机因素注入到序列搜索当中，将顺序性与随机性结合在一起，比如模拟退火算法；另外一种是完全随机的，常被称为完全随机方法。随机搜索方法不确定性强，每次选择的特征子集千差万别，但可防止算法陷入局部最

优，从而找到近似最优解。经常用到的有粒子群优化算法（PSO）、蚁群算法（ACO）、遗传算法（GA）等。

三、基于序列搜索策略的特征选择

序列搜索与全局搜索有所不同，不能保证最终获得的特征子集是最优的。它由贪心算法演变而来，可分为序列前向搜索（SFS）、序列后向搜索（SBS）及双向搜索 3 类。序列前向搜索是依次不停地选择单个特征加入原先为空集的特征子集当中，所选取的特征是使得评价函数取得最优值的特征，该过程是一个贪心算法的过程，只能不断添加特征而不能去除特征；序列后向搜索是不停地从特征全集中剔除相关性不大的特征，留到最后的特征能使评价函数取得最优解，其过程也属于贪心算法，只能不断筛选剔除相关性不大的特征而不能加入新特征，其操作过程与序列前向搜索刚好相反；双向搜索是前向与后向搜索的结合搜索方式，既可增加特征，也可删减特征。

前面概述了基于 3 种不同搜索策略特征选择方法，它们存在各自的优势与不足。下面从算法的使用效率、适应场景及优缺点等几个方面对 3 种不同搜索策略的特征选择方法进行比较，见表 3-2。

表 3-2   基于搜索策略方法的比较

搜索策略方式	全局搜索策略	随机搜索策略	序列搜索策略
效率	低	较高	高
使用场景	仅适用于低维度特征集	均适用	均适用
优点	可实现全局最优	时间复杂度比全局搜索低，可获得优于序列搜索的近似最优解	时间复杂度最低
缺点	只在低维数据集中有使用价值	时间复杂度比序列搜索高	获得的特征子集仅是局部最优

第六节   基于不同监督信息的特征选择算法

特征选择过程中，监督信息扮演着重要角色。根据监督信息的不同，可以把特征选择方法分为有监督特征选择、半监督特征选择和无监督特征选择。

一、有监督特征选择

有监督特征选择主要依赖于样本的类别信息，需要计算特征与类别的关系来选取最优特征子集。目前，基于监督信息的特征选择方法大多都集中在监督特征选择上，通过测量特征与类别之间，以及特征与特征之间的关系来确定特征子集。在学术界，取得了很多有关监督特征选择的研究成果，例如，吴新东等人提出一种被称为 Top-k 的正则化方法，用于回归和分类任务中的监督特征选择。

二、半监督特征选择

由于监督特征选择过程中获取足够的标记样本需要巨大成本，所以一些研究人员将注意力转移到了半监督特征选择上。半监督特征选择方法主要考虑如何利用少量标记（具有类别信息）样本和大量未标记（不带类别信息）样本进行分类学习的问题，具有"小标签"和"高效"的突出成就，一直处于降维研究的前沿。王超等人将用于监督任务的 ϵ-drag-ging 技术拓展到半监督任务中，提出了一种具有稀疏判别最小二乘回归的半监督特征选择，并在真实数据集上验证了方法的优越性。吴新东等人针对基于图的方法没有同时考虑异常值、噪声和所选特征冗余等多个因素的问题，提出了一种基于局部自适应和最小冗余的新型半监督特征选择方法，该方法根据数据情况灵活分配权重，减少离群点和噪声的影响，并且在特征映射矩阵中引入了高相似度惩罚机制，以提高区分度和低冗余度。

三、无监督特征选择

现有方法通常需要许多实例来进行特征选择。然而，在实践中，经常无法获得足够的实例。无监督特征选择是一种用于降维的数据预处理技术，该方法不需要使用任何标签信息，直接对特征空间的样本进行聚类或无监督学习，以便对特征进行分组，并对特征重要性进行评估，根据特征的重要性程度进行特征选择。熊谷等人使用具体的随机变量，通过梯度下降来选择特征，提出一种基于小样本学习的无监督特征选择方法，他们通过实验证明了该方法优于现有的特征选择方法。

基于不同监督信息的特征选择方法各有优劣，前面已经结合一些现有科研成果对有监督、半监督、无监督 3 种特征选择方法进行简要阐述。下面对 3 种特征选择方法做一个比较，见表 3-3。

表 3-3　　　　　　　　基于不同监督信息特征选择方法的比较

特征选择方法	有监督特征选择方法	半监督特征选择方法	无监督特征选择方法
优点	不依赖于样本空间的分布	只需获取少量具有标签信息的样本，有效减少标注代价	不适用任何标签信息，运算成本大幅度降低
缺点	需要获得大量的具有标签信息的样本，且新应用的特征无法提前预测；运算成本高；无法对未知数据进行处理	对有噪声干扰数据的处理效果不理想	训练样本的歧义性高

第四章
基于无监督学习的电力电缆接地电流模态识别

第一节　研　究　背　景

近年来，随着我国城市化进程的不断推进，电力需求快速增长，城市的电力电缆，尤其是高压电缆的数量、长度也在不断增加。电力电缆隧道占地面积小，受恶劣天气等自然条件影响小，并且能够向更高电压等级和更大传输容量扩展，因此，使用电力电缆逐渐取代架空输电线路，已成为城市电力建设的趋势和潮流。目前，我国北京市、上海市、广州市、深圳市、武汉市等中大城市已经广泛建设电力隧道，据统计截至 2019 年，国网北京市电力公司电缆分公司所辖高压电缆隧道长度共计 1073km，在公司系统隧道总量中占比 35%；主网电力电缆线路共970 条，总长 2457.7km，其中 500kV 电力电缆两条，共计 13.4km；220kV 电力电缆 163 条，共计 659.4km；110kV 电力电缆 680 条，共计 1607.3km；35kV 电力电缆 125 条，共计 177.6km。其中，大多集中分布在城市核心区，以及通州城市副中心。

电力隧道作为重要的城市基础设施，需要确保电力隧道及内部的高压电缆等工作在正常状态，并且当出现异常或者故障时，能够及时发现并排除。目前，我国的电力隧道巡检主要采用周期性的人工巡检，但是电力隧道运行和维护人员的增长速度远远落后于电力隧道建设的速度，同时，电力隧道向更高集成度和复杂性的发展趋势，也增加了其巡检维护的难度。因此，传统的巡检方式已经难以满足需求，电力隧道的监控系统建设迫在眉睫。

事实上，随着智能电网的逐步发展，高压电缆及电力电缆隧道的在线监测也逐渐提上日程。近年来，国网北京市电力公司、上海市电力公司等已经开始上线高压电缆综合监控系统，用于高压电缆及其附属设施的监控。此外，一些高校、研究所及电力信息企业也开展了相关方面的研究。

如何保证电网安稳运行，一直以来都是电力行业最重要的研究课题之一。城市化规模不断扩大，建设进程不断加快，电网电力电缆化率持续攀升，电力电缆设备总量快速增长。电力电缆作为城市电网的主要通道容纳输电骨干网络，是国网北京市电力公司电缆分公司的重要资产，也是支持城市运行的基础。随着电力电缆投入运行时间的增长，逐渐形成的隐患时刻威胁着电网的安全运行。电力电缆一旦发生运行故障，不仅会威胁电网的安全运行，中断局部电网的连续供电，而且故障的测寻、排除、修复等都要耗费大量的人力、物力。只有尽早发现电力电缆的各种潜在故障，并针对不同的故障特征制定对应的维护方案，才能避免重大事故的发生。因此，开展基于大数据的电力电缆状态监测和故障诊断技术研究，对提高电力电缆运维水平具有重要意义。

电力电缆的在线监测系统产生了海量的多源数据，如接地电流、局部放电、温度等数据。多年来，业内一直试图从电力电缆在线监测及接地电流等数据中，找到有效的状态监测和诊断方案。但考虑到目前电力电缆监控系统，虽然积累了海量多源数据，但质量未知且未深入挖掘形成知识，导致数据束之高阁。此外，接地电流及在线监测数据具有无标签、复杂性高、不确定性强、数据不平衡等特点，特别是正常样本数据远远多于异常样本数据，并且缺失相关的机理研究。因此，为了找到行之有效的电力电缆状态监测手段，提高电力电缆状态监测能力，针对电力电缆设备大数据的数据挖掘势在必行。

第二节 研 究 现 状

目前，电力电缆隧道监控系统主要围绕以上几项内容展开，既有对其中某一项进行监控的，也有同时对多项实现综合监控的。此外，近年来，巡检机器人也成为监控技术的发展热点。

在监控系统的众多监控量中，接地电流与电力电缆交叉互联接头、绝缘层、电力电缆负载等多种因素密切相关，是监测电力电缆本体状态的重要指标。正常情况下，接地电流数值较小，但当金属护套发生多点接地或接头发生异常时，电流会明显增大或突然变为0，因此，可以通过实时监测接地电流数据来判断电力电缆金属护套电压情况和接头稳定情况。

现有的基于接地电流的电力电缆异常检测方法主要是基于机理模型的方法。这些方法存在一个共同的特点，即方法所基于的理想状态下的机理仿真模型无法适用于现实中复杂的电力电缆状态和环境，而造成机理模型不准的原因有以下几点：

（1）接地电流会受到诸如负载电流、交叉互联子段电力电缆长度和敷设条件等因素的影响，这些因素会随时间变化，但这在仿真模型中无法体现。

（2）基于仿真模型的方法需要更多条件，比如负载电流已知，电力电缆电阻、热应力和电压不变等，但由于运维系统一般无法获取负载电流，而电力电缆状态也会随时间而变化，因此，这些条件在实际应用中也很难满足。

第三节　数据清洗与预处理

数据预处理是大数据分析和机器学习中不可或缺的重要步骤。它涉及对原始数据进行清洗、转换和集成，对于保证数据的质量、提取有效特征、消除数据差异、处理缺失值和异常值，以及实现数据的集成和转换具有重要的意义，对后续的分析和建模过程起到关键作用。

数据预处理的主要步骤分为数据清洗、数据归约和数据变换。数据清洗的主要思想是通过填补缺失值、光滑噪声数据，平滑或删除离群点，并解决数据的不一致性来清理数据。数据清洗的具体方法包括缺失值处理、离群点处理、噪声点处理等。

数据归约技术可以用来得到数据集的归约表示，归约后数据集小得多，但仍接近地保持原数据的完整性。基于该数据集的数据挖掘将更有效，并产生相同（或几乎相同）的分析结果。数据归约主要包含以下几类方法：

（1）维度归约，用于数据分析的数据可能包含数以百计的属性，其中大部分属性与挖掘任务不相关，是冗余的。维度归约通过删除不相关的属性来减少数据量，并保证信息的损失最小。

（2）数量归约，用较小的数据表示形式替换原始数据。代表方法为对数线性回归、聚类、抽样等。

（3）非参数化归约包括直方图、聚类、抽样、数据立方体聚集等方法。

数据变换包括对数据进行规范化，离散化，稀疏化处理，达到适用于后续数据挖掘、机器学习的目的。具体方法如下：

（1）规范化处理。电力电缆的多源数据中，不同特征的量纲可能不一致，数值间的差别可能很大，不进行处理可能会影响到数据分析的结果。因此，需要对数据按照一定比例进行缩放，使之落在一个特定的区域，便于进行综合分析。

（2）离散化处理。数据离散化是指将连续的数据进行分段，使其变为一段段离散化的区间。分段的原则有基于等距离、等频率或优化的方法。离散化的特征相对于连续型特征更易理解，可以有效地克服数据中隐藏的缺陷，使模型结果更加稳定。

（3）稀疏化处理。针对离散型且标称变量，无法进行有序的标签编码时，通常考虑将变量做0、1哑变量的稀疏化处理。稀疏化处理既有利于模型快速收敛，又能提升模型的抗噪能力。

第四节　护层电流与光纤测温信号的时空特性分析

分析电力电缆监控信号（即护层电流和光纤测温信号）的时空特性，可以用图 4-1 来描述影响护层电流和光纤测温信号的主要外界因素。

图 4-1　影响护层电流和光纤测温信号的主要外界因素

一、时空相关性

时空相关性指护层电流信号或光纤测温信号在时间和空间上如何依赖于自己及其邻域内过去时刻的取值。更具体地说，就是第 k 时刻、第 i 位置的护层电流 $I_{sh}(k,i)$ 可能受到 $I_{sh}(k-m,i-n)$（$m=1$，2，…；$n=\pm1$，±2，…）的影响，即它们之间的相关性包含了信号在时间方向上的相关和在空间方向上的相关，并且这两种相关性还是耦合的，因此，本文称之为时空相关性。类似地，第 k 时刻、第 j 位置的光纤测温 $T_{of}(k,j)$ 也有可能与 $T_{of}(k-m,j-n)$（$m=1$，2，…；$n=\pm1$，±2，…）相关。

对于护层电流，造成时间相关性的一个可能的重要原因是，系统输入负载电流与用户用电行为密切相关，而负载电流可能会由于用户前后时刻用电行为相互关联而在时间上存在一定的时间相关性，这导致护层电流也表现出时间相关性。整条电力电缆由多个交叉互联单元连接而成，不同接头的护层电流在空间上受到这种交叉互联的空间约束，导致护层电流具有空间相关性，并且这种空间相关性还会受到上述时间相关性的影响，因此，护层电流最终会表现出互相耦合的时间和空间相关性，即时空相关性。

对于光纤测温信号，除了负载电流的影响外，光纤测温本身反映了电力电缆表面各时刻的温度情况，而电力电缆内部、电力电缆外部环境及二者之间的复杂热传导，将导致每个时刻、每个位置的光纤测温信号受到自己及邻域历史时刻温度的共同影响。因此，光纤测温信号也具有耦合的时间相关性和空间相关性。

值得注意的是，护层电流和光纤测温信号的定量时空相关关系是未知的。

二、时间非平稳和时间多模态特性

时间多模态和时间非平稳都是指护层电流和光纤测温信号的时空相关性随着时间的推移会发生变化（而不是定常的），二者的区别在于，时间多模态是指时空相关性随着时间会出现不同的模态，但在每个模态（即一段时间）内，系统的时空相关性是基本不变的，而时间非平稳则是指时空相关性完全是时变的，不一定能明显地表现划分为多个时间上不同的模态。显然，时间多模态是时间非平稳的一个特例。护层电流和光纤测温信号分别具有时间多模态和时间非平稳特性。护层电流表现出时间多模态特性的一个重要原因是，护层电流与用户用电情况关系密切，用户用电量受时间（或季节）影响明显且规律性较强，同一季节的用电情况相似，但不同季节的用电情况可能相差很大，例如，夏天天气炎热导致空调使用率提高，使得用电量激增；此外，工作日工厂、办公楼用电较多而节假日停工，使得工作日和节假日的用电曲线也有明显差异。因此，护层电流在时间上会出现多模态切换现象。

对于光纤测温而言，除了负载电流的影响外，一个很重要的影响因素是电力电缆隧道的环境温度。但环境温度的变化非常复杂，可能受隧道内通风情况，以及与隧道连通的外界温度的变化情况等多个因素的影响。因此，光纤测温信号的时空相关性可能会随着时间的推移而发生变化，表现为非平稳特性，即时变特性。

值得注意的是，由于现场历史数据大多是无标签的，因此，护层电流数据在时间上的多模态如何划分，以及光纤测温的时空相关性如何随时间变化都是未知的。

三、空间多模态特性

空间多模态特性与空间相关性密切相关，是指护层电流或光纤测温信号的空间相关性体现出多模态特性，即同一空间模态（空间区域）内的空间相关性相同或相近，而不同空间模态（不同空间区域）的空间相关性差异很大。

造成护层电流空间多模态的一个重要原因可能是不同护层环路的绝缘情况、

接地情况等不尽相同，使得处于不同环路的护层电流的空间相关性可能相同也可能不同。对于光纤测温来说，隧道不同位置的温湿度条件及通风条件有所不同，会造成电力电缆不同位置的绝缘情况不完全相同，也就使得发热情况有所差异，这是造成光纤测温数据呈现空间多模态特性的一个重要原因。此外，造成光纤测温数据空间多模态特性的原因可能还有，为了通风与检修方便，每隔500m左右会设有通风井与地上相连，这些井口的开闭直接影响了井口附近的环境温度与空气流速，从而使得两井之间的位置与井口附近的位置空间相关关系可能不同。

值得注意的是，护层电流的空间多模态划分是可以根据已知的接头间交叉互联关系确定的，因此，可以认为是已知的。而影响光纤测温空间多模态的因素非常复杂，由于数据是无标签的，因此，其空间模态的划分是未知的。此外，由于光纤测温信号的时间非平稳特性，其空间多模态的划分在时间上可能也是时变的。

四、护层电流和光纤测温信号时空特性总结

由上述分析可知，护层电流和光纤测温信号都是具有时空相关性、时间非平稳和空间多模态特性的复杂无标签时空信号。其中，护层电流的时间非平稳表现为时间多模态，并且数据在时间上的模态划分是未知的，但其空间多模态的划分是已知的（即可以根据接头交叉互联的先验知识确定）；光纤测温信号具有更复杂的、无法划分为有限个模态的时间非平稳性，且其空间多模态的划分也是未知的。简言之，护层电流信号具有未知时空相关性、未知时间多模态和已知空间多模态特性，光纤测温信号具有未知时空相关性、未知时间非平稳特性和未知空间多模态特性。

五、现有方法存在的问题

如上所述，实际应用的电力电缆监控系统基本都是采用简单的超限报警，而已有基于护层电流的异常检测方法基本都是采用基于机理模型的方法，已有基于光纤测温的异常检测研究大多关注监测系统的优化与设计，少数研究异常检测的文章也是基于机理模型的。因此，这些已有方法和技术很难适用于具有复杂时空特性，并受到未知负载电流和环境因素干扰的护层电流和光纤测温信号的检测。

针对护层电流的时间多模态和空间多模态特性，在项目中采用时空聚类进行护层电流数据的时间和空间模态挖掘，但针对这类方法所存在的只停留在数据聚类结果的问题，进一步研究如何对聚类结果进行自动分析，给出有意义的挖掘结果；基于多模型的思路，通过模式匹配实现异常检测。数据驱动类时空系统异常检测的方法，已有方法直接从当前时空数据出发进行异常分类不同，该方法通过比较新来样本与已挖掘出的正常历史模态样本是否匹配来判断新来样本是否异常，因此，无需异常样本的历史数据，也就不会遇到已有数据驱动方法所存在的需要大量异常样本的问题。

第五节　基于无监督学习的历史数据挖掘与时空分析

一、研究现状

现有的电力电缆监控系统一般都只对接地电流进行超限报警，但是此类方法没有考虑到接地电流在时间、空间上的多模态性。在空间上，现有的接地电流测量点主要分布在各个交叉互联接头处，由于电力电缆三相交叉互联，同一护层环路中不同位置的接地电流通常具有相近的曲线形状或模态，但由于电力电缆拓扑的改变、不同相负载的差异等，不同环路的接地电流曲线形状差异较大，因此，接地电流存在着空间多模态特性。在时间上，由于接地电流与电力电缆负载电流的大小密切相关，而负载电流又与人类活动密切相关，且负载电流和扰动也都是未知的，这就使得接地电流存在明显的以时间周期性为主的多模态特性。

图 4-2 给出了一个例子来说明接地电流的时间多模态和空间多模态特性。图 4-2（a）所示为某一接地电流传感器 14d 的历史数据，可以看出，如果以天作为单位，接地电流的幅值呈现出明显的周期性变化。为了更清楚地对比这 14d 的数据，图 4-2（b）将每天的曲线作为一个样本，将这 14 条"天样本"曲线纵向画在一起，可以看出，同一传感器的"天样本"形状在有些日期比较接近，但是在某些日期相差很远，因此，接地电流在时间上呈现多模态的特性。此外，图 4-2（c）

画出了在同一天内，整条电力电缆的不同传感器的"天样本"曲线，可以看出，大部分曲线趋势一致，但有少部分曲线与其他有明显差异，因此，接地电流在空间上也具有多模态特性。

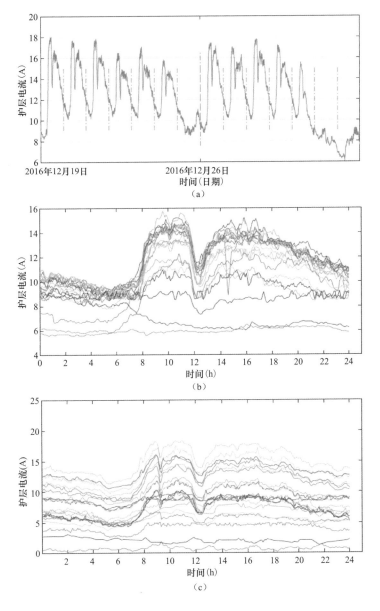

图 4-2　接地电流数据举例

（a）一个传感器连续 14d 的数据；（b）同一接头在不同日期的"天曲线"；（c）同日期不同传感器的"天曲线"

考虑到接地电流的时间多模态特性和空间多模态特性，接地电流的数据挖掘方法基本思路为：

（1）将一天内的接地电流测量值构建为一个高维向量，作为一个"天样本"。

（2）采用基于堆叠降噪自编码器（SdA）和 t 分布随机近邻嵌入（t-SNE）的降维方法对"天样本"进行特征提取。

（3）采用基于密度的聚类方法 DBSCAN 对特征进行聚类。

（4）基于时空指标自动地分析聚类结果。

二、面向栅格时空数据的模态挖掘方法

由于护层电流和光纤测温信号都表现出时间或空间的多模态特性，并且无标签，而聚类是解决无标签数据挖掘问题的常用方法，因此，本节对应用于多模态时空数据挖掘的聚类方法进行综述。

聚类可以将具有相似特征的数据实例（Data Instance）分为一组。在经典数据挖掘方法中，数据实例一般由特征及其对应可选标签构成。在时空系统中，根据系统的不同特点，数据实例分为 5 种不同的类型，包括：点（Points）、轨迹（Trajectories）、时间序列（Time Series）、空间地图（Spatial Maps）和时空栅格（Spatial-Temporal Raster）。护层电流和光纤测温均属于栅格数据，与栅格数据相关的聚类方法大致分为以下 3 类：

（1）时间序列聚类。其中，有一些传统的聚类方法，它们直接将每个位置看成一个变量，将时空数据作为多维时间序列来处理，如 k-means、层次聚类、共享近邻聚类（Shared Nearest Neighbor）、谱聚类等。还有一些方法，利用空间信息对传统聚类方法进行改进。ST-DBSCAN 在原有 DBSCAN 的基础上，定义了空间距离（欧氏距离）和非空间变量距离（如温度）两种度量来衡量时空数据。本文提出了基于扩展模糊 c-Means（Augmented Fuzzy c-Means）的时空聚类方法，它首先对原始时空数据做时间分量特征提取和空间分量特征提取，然后将时间特征间距离与空间位置间距离做加权，加权后的距离即为各空间位置间相似度。在聚类过程中加入特殊限制条件（如相邻位置更相似等），将空间位置相邻的点聚为

一类，最终实现时空聚类。进一步地，奥特朗托（Otranto）等人提出了基于 FSTAR 的空间多模态时空数据的聚类方法。首先，为每个位置建立一个独立的 STAR 模型；对每个位置做参数估计后，基于 Wald 检验（Wald Test）判断两两位置的参数是否一致；最后，基于聚合层次聚类来寻找相似的位置。这类方法的本质是将每个空间位置所对应的所有时刻的数据（即时间序列）看作一个样本，因此，聚类只给出的是空间模态的划分，而没有时间分辨率，即不能描述空间模态的划分如何随时间而变化。

（2）空间图（Spatial Maps）聚类。比较不同时刻数据的空间图，然后将具有相似空间图的时刻的数据聚为一类。这类方法的本质是将每个时刻所对应的所有空间数据看作一个样本，因此，聚类只给出的是时间模态的划分，而没有空间分辨率，即不能描述时间模态划分如何随空间位置而变化。

（3）时空子区域聚类。为了捕捉空间模态分布随时间的变化，有学者提出了一种基于 DBSCAN 思想的动态时空聚类方法。首先，在一定时间窗口计算空间各点距离，进而找到多个核心位置，再逐步判断其他不确定位置的所属类，以实现特定时间窗口内数据的空间模态划分，然后通过滑动时间窗口来描述空间模态随时间的变化。提出了一种动态区域异常检测的框架，通过动态地的划分区域，来减小数据的稀疏性和异构性，然后计算不同区域的异常度量来判断是否发生异常。此类方法可以解决前两类方法所存在的模态划分没有时间分辨率和空间分辨率的问题。

三、预备知识

（一）堆叠降噪自编码器介绍

堆叠降噪自编码器（Stacked Denoising Autoencoders，SDA）是深度学习领域的一种代表性深度学习模型，能够在不需要标签信息的前提下从数据中提取特征，并对噪声有良好的鲁棒性，因而被广泛用于特征提取。

对于一个数据集 $X \in R^{N \times d}$，其中 N 和 d 分别表示样本数和每个样本的维度，可以用如图 4-3 所示的堆叠降噪自动编码器提取其低维表示作为特征，其中 $X^{(i)}$

$[Y^{(i)}$、$E^{(i)}$同理]的右上角标 i 表示该矩阵属于自编码器的第 i 层，$E^{(i)}(i=0,1,\cdots,M-1)$ 为独同分布的高斯噪声矩阵，通过对每层输入加入 $E^{(i)}$ 来破坏输入，M 表示编码器层数，$f^{(i)}(i=0,1,\cdots,M)$ 为编码器，定义如下

$$
\begin{aligned}
row_j(Y^{(i)}) &= f^{(i)}\{row_j[Y^{(i-1)}+E^{(i-1)}]\} \\
&= s\{row_j[Y^{(i-1)}+E^{(i-1)}]\Psi_i+b_i\}, j=1,2,\cdots,N
\end{aligned}
\tag{4-1}
$$

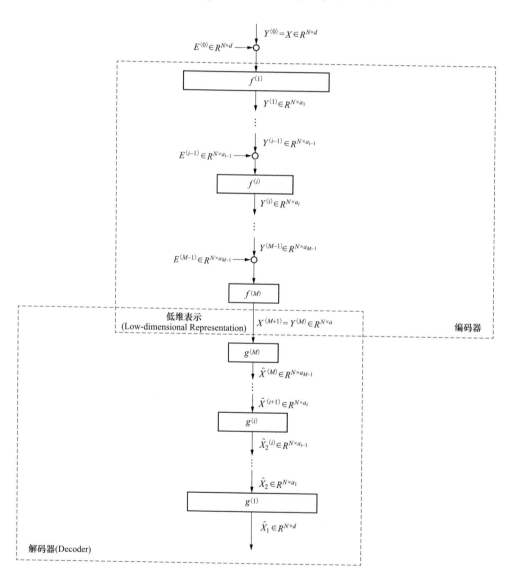

图 4-3　堆叠降噪自编码器

$g^{(i)}(i=0,1,\cdots,M)$ 为解码器，定义为

$$row_j(\hat{X}^{(i)}) = g^{(i)}\{row_j[\hat{X}^{(i+1)}]\} = s\{row_j[\hat{X}^{(i+1)}]\Psi_i' + b_i'\}, j=1,2,\cdots,N \qquad (4\text{-}2)$$

为了避免歧义，用 $row_j[\hat{X}^{(i)}]$ 表示 $\hat{X}^{(i)}$ 的第 j 行，即第 j 个样本。

如图 4-3 所示，$Y = Y^{(M)} \in R^{N\times a}$，其中 $a << d$，是原始数据集的最终低维表示，而 $\hat{X} = \hat{X}^{(1)} \in R^{N\times d}$ 则是对原始数据集 X 的最终重构。在图 4-3 中，每一对 $f^{(i)}$ 和 $g^{(i)}$ 构成一个单层的降噪自动编码器（Denoising Autoencoder，DAE），其参数 Ψ_i、b_i、Ψ_i'、b_i' 可通过求解下面的优化问题来确定。

$$\begin{aligned}
&\min_{\Psi_i,b_i,\Psi_i',b_i'} \frac{1}{N}\sum_{j=1}^{N} H\{row_j[Y^{(i-1)}], row_j[\hat{X}^{(i)}]\} \\
&= \min_{\Psi_i,b_i,\Psi_i',b_i'} \frac{1}{N}\sum_{j=1}^{N} H\{row_j[Y^{(i-1)}], g^{(i)}(f^{(i)}\{row_j[Y^{(i-1)} + E^{(i-1)}]\})\}
\end{aligned} \qquad (4\text{-}3)$$

其中，H 是衡量两个向量之间距离的损失函数。在求解的过程中，从 1 到 M 层进行逐层求解。需要注意的是，在训练过程中只采用各层被破坏的输入，在特征提取阶段，采用不添加噪声的原始信号作为输入。基于随机梯度下降法，可以对整个网络的参数进行微调。

（二）t-SNE 算法简介

t 分布随机近邻嵌入（t-distributed Stochastic Neighbor Embedding，t-SNE）是一种可视化算法，它通过将样本的相似度转换为概率实现非线性降维，可将高维数据映射到二维或三维空间。

传统的线性降维方法更关注数据的全局结构，而传统的非线性降维方法则更加侧重于保留数据的局部结构。与上述两类方法不同，t-SNE 可以同时捕捉数据的全局和局部结构，因此，在降维方面有独特的优势。

对于一个高维数据集 $U \in R^{N\times d}$，其中 N 和 d 分别描述样本的数目和每个样本的维数，t-SNE 的目标是通过最大化以下目标函数获得高维数据的低维表示 $V \in R^{N\times a}$（a 通常取 2 或者 3，$a << d$）

$$C = \sum_i \sum_j p_{ij} \log \frac{p_{ij}}{q_{ij}} \qquad (4\text{-}4)$$

式中：p_{ij} 为原始数据 u_i 与 u_j 之间的相似度；q_{ij} 为降维数据 v_i 和 v_j 之间的相似度。

基于 u_i 的近邻服从以 u_i 为中心的高斯分布的假设，u_i 与其近邻 u_j 的相似度定义为

$$p_{ij} = \frac{p_{j|i} + p_{i|j}}{2L} \qquad (4\text{-}5)$$

其中

$$p_{j|i} = \frac{\exp\left(-\|u_i - u_j\|^2 / 2\sigma_i^2\right)}{\sum_{k \neq i} \exp\left(-\|u_i - u_k\|^2 / 2\sigma_i^2\right)} \qquad (4\text{-}6)$$

在低维空间中，t-SNE 基于自由度为 1 的自由度来定义相应数据降维后的相似度

$$q_{ij} = \frac{\exp\left(1 + \|v_i - v_j\|^2\right)^{-1}}{\sum_{k \neq l} \exp\left(1 + \|v_k - v_l\|^2\right)^{-1}} \qquad (4\text{-}7)$$

采用 t-SNE 将 SdA 得到的中间表示进行进一步降维，为后续聚类提供二维数据。此外，t-SNE 还有一个困惑度参数（perplexity），主要用来衡量有效的邻域数，一般设置在 5～50 的范围内。

四、基于 SdA-t-SNE 和 DBSCAN 的接地电流数据挖掘方法

（一）基于 SdA-t-SNE 和 DBSCAN 的聚类方法

与许多高维数据的聚类方法类似，本文提出的数据聚类方法也分为两个步骤：

（1）将原始数据 X 转换为低维特征 $Y \in R^{N \times a}$，$a << d$。

（2）将低维特征（Y 的每一行）划分到不同的类。

实际上，SdA 和 t-SNE 这两种降维方法都可以用于特征提取。但有文献指出，在采用 t-SNE 之前先采用自编码器进行降维能够获得更好的性能表现，同时，如 t-SNE 能够同时反映高维数据的全局结构和局部结构。因此，本章将联合使用 SdA 和 t-SNE 进行特征提取，即首先采用 SdA 将 $X \in R^{N \times d}$ 进行一次降维得到 $Y' \in R^{N \times a'}$，$a' << d$；然后，在此基础上，采用 t-SNE 将 $Y' \in R^{N \times a'}$ 降维得到 $Y \in R^{N \times a}$。那么，对于原始数据中的一行，即一个 d 维的样本向量最终转化为 Y 中维数为 a（$a = 2$

或者 3）的向量作为其特征表示。

此外，也有文献指出，PCA 和自编码器在自然数据集上的降维表现优于其他无监督学习方法，但是由于 PCA 是线性方法并且对干扰敏感，不适合于提取非线性特征，所以我们在降维第一步选择由基本自编码器改进而来的堆叠式降噪自编码器（SdA）。此外，考虑到每天的接地电流样本实际上只有时间维度这一个维度，因此没有必要采用基于 CNN 一类的降维方法。

由于经过 SdA 和 t-SNE 降维后的特征类在空间中可能会以任意形状存在，而常用的基于距离的聚类方法，如 k-means 等只能从数据集中区分出球形的类，因此，基于距离的聚类方法并不适用于 SdA-t-SNE 提取的低维特征。与基于距离的聚类方法相比，基于密度的聚类方法可以在数据集中发现任意形状的类，因而更加适用于本文的聚类问题，其中由埃斯特尔（Ester）等人提出的 DBSCAN 目前已经成为最流行的基于密度的聚类方法之一。因此，本文将采用 DBSCAN 对 SdA 和 t-SNE 提取的低维特征进行聚类。DBSCAN 聚类方法的核心思想是，对于一个类中的一个样本（特征向量），在给定的距离范围内，应当有满足最小数目的近邻，距离和最小数目就是 DBSCAN 的两个参数，分别记作 Eps 和 MinPts。因此，DBSCAN 的实质就是要求每一个类的聚类密度应当超过一定的阈值。

基于 SdA-tSNE 与 DBCSAN 的聚类方法如图 4-4 所示。首先，对于原始数据矩阵 X ，为原始数据添加独立同分布的高斯噪声 $E^{(i)}$ ，获得被破坏的数据集作为 SdA 的输入。根据图 4-4 设定 SdA 各层编码器的输出维数，并按照相反的顺序和对称的结构设定各层解码器的维数。利用公式和迭代求解公式，并将最终的输出 $Y'=Y^{(M)}\in R^{N\times a'}$ 作为 X 经过 SdA 网络的降维特征。将 SdA 的输出 Y' 作为 t-SNE 算法的输入。设置 t-SNE 的困惑度参数（Perplexity），通过最小化目标函数公式，获得 t-SNE 的输出即低维表示 V ，并将其作为最终的特征提取结果，即图 4-4 中 DBSCAN 的输入。最后，利用 DBSCAN 算法将特征集合进行聚类。

图 4-4　聚类算法流程

（二）基于时空指标的接地电流数据挖掘方法

在聚类结果的基础上，需要进行进一步利用时空分析来挖掘电力电缆接地电流的潜在信息。由于接地电流的每个"天样本"都对应于特定的一天和某个特定的传感器，因此，可以将聚类算法结果绘制成一个二维时空平面图。图中，纵坐标表示传感器，横坐标表示日期，每个横、纵坐标交叉点的颜色表示了该纵坐标所对应的传感器在该横坐标对应的日期内的"天样本"所属的聚类类别号（类别号的颜色定义见图的右侧柱形图）。二维时空平面图的一行表示与其对应的特定传感器的接地电流"天样本"随时间变化的情况，而一列则表示与其相对应的特定"一天"内的接地电流随传感器的变化情况。

由于电力电缆大部分时间都能正常运行，因此，聚类结果中样本数较多的类应对应于电力电缆的正常运行模态。鉴于隧道环境及电力电缆负载电流相对于各接头基本相同，且实际中电力电缆大多数情况都处于正常运行状态，因此，各接头护层电流大多数情况下应该具有相似的运行模态，所以若某传感器数据长期处于与其他接头不一致情况，则很有可能是传感器异常而非电力电缆接头本身的异常。此外，由于护层电流受负载电流影响而与人们的日常行为息息相关，考虑到工作日人们生产、生活用电量多，而节假日工厂等主要用电单位用电减少，因此，护层电流理论上确实可能存在周期性，若某一特定簇在时间上周期性出现，则说明该簇可能反应了电力电缆的某种正常工作模态。再者，对于一整条输电线路来说，各接头的负载电流是一样的，所以理论上各接头在同一天的运行模态也应该一致，即同一天不同接头的"天样本"应该属于同一簇。

所以，为了分析不同传感器和聚类的时空差异性和规律性，基于以上聚类结果和电力电缆本身特点，我们提出了一些时空指标来自动分析护层电流数据聚类结果，形成一套完整的护层电流数据挖掘方法。

首先，一条电力电缆的所有传感器，理论上应保持较高的一致性，若某些传感器数据长时间异常，则表明该传感器的数据不可靠，且大量的不可靠数据还可能会影响聚类结果。因此，为了衡量传感器间的一致性，可采用传感器一致性指标（Sensor Index）

$$SI(i) = \frac{1}{T}\sum_{t=1}^{T}r_i(t) \tag{4-8}$$

来衡量数据集中所有传感器在每天的行为一致性，其中

$$r_i(t) = \frac{n_{c_{t,i}}}{S} \tag{4-9}$$

式中：$r_i(t)$ 为第 i 个传感器在第 t 天的一致性得分；$c_{t,i}$ 为第 i 个传感器在第 t 天所属的类别，且有

$$\{c_{t,i}\}_{t=1,\cdots,T;i=1,\cdots,S} \subset \{1,2,\cdots,C\}$$

即第 t 天这 S 个传感器所属的类别是总 C 类的子集，T 为所有历史数据的天数。显然有 $0 < r(t,i) \leqslant 1$，$r(t,i)$ 越大，表示该传感器在这一天的表现与其他传感器越一致，若这一天中所有传感器的模态一致，则对于所有的传感器 $i=1,\cdots,S$，都有 $r(t,i)=1$。我们记传感器一致性指数的阈值为 $thre_{SI}$，若 $SI(i) \geqslant thre_{SI}$，则认为传感器 i 与其他传感器的一致性较好，反之则一致性较差。

其次，聚类后各簇中包含的样本数反映了该类出现的频率，样本数越多，说明该类对应的模态越常见，也越有可能是电力电缆的正常运行模态。所以，对于第 c 类，定义类样本占比指数（Cluster Ratio Index）

$$CRI(c) = \frac{n_c}{S \times T} \tag{4-10}$$

表示该类的样本占总样本数的比例，其中 n_c 为第 c 类的样本个数，$S \times T$ 表示数据集总的"天样本"个数。记 $CRI(c)$ 的阈值为 $thre_{CRI}$，若 $CRI(c) \geqslant thre_{CRI}$，则认为第 c 对应于电力电缆的主要模态，反之则为次要模态。

再者，若要评价第 c 类在整个数据集上的周期性，即第 c 类针对星期 w 的周期性指数（Cluster Periodicity Index），可用

$$CPI(c,w) = \frac{1}{S}\sum_{i=1}^{S}cpi_{i,c}(w) \tag{4-11}$$

来计算，其中

$$cpi_{i,c}(w) = \frac{n_i^c(w)}{N_w} \tag{4-12}$$

表示传感器 i 出现的第 c 类在星期 w 上的周期性指数。对于传感器 i，我们记聚类结果中第 c 类出现在每周周 w（即固定出现在星期 w，$w=1,2,\cdots,7$）的次数

为 $n_i^c(w)$ ，若我们研究的数据集时间上共包含 N_w 个星期 w ，则 $n_i^c(w)$ 在 N_w 中的占比即表示了传感器 i 中第 c 类的周期性表现。若求整个数据集上第 c 类针对星期 w 的周期性表现，则只需要将所有传感器的周期性指数平均即可。

若 $CPI(c,w) \geqslant thre_{CPI}$ ，则表明该类的在星期 w 上表现出了明显的时间周期性，对应于电力电缆的周期性模态；反之，则说明该类只在较少时间出现，对应于电力电缆的偶然性模态。

最后，对应于各聚类在时间上的指标，我们在空间上提出了衡量聚类传感器一致性的指标，即类传感器指数（Cluster Sensor Index）

$$CSI(c) = \frac{1}{T_c} \sum_{t=1}^{T_c} csi_c(t) \tag{4-13}$$

其中， $csi_c(t)$ 表示第 c 类在第 t 天的传感器一致性得分，即

$$csi_c(t) = \frac{n_c(t)}{S} \tag{4-14}$$

式中： $n_c(t)$ 为在第 t 天有 $n_c(t)$ 个传感器属于第 c 类。若衡量整个数据集的传感器一致性，则将所有天的 $csi_c(t)$ 平均即可，其中 T_c 为第 c 类出现的总天数。若 $CSI(c) \geqslant thre_{CSI}$ ，则认为该类反映了电力电缆整体的特性，对应于电力电缆整体模态；反之，则为局部模态。

综上所述，针对基于聚类结果生成的时空二维图，我们提出了 4 个指标：传感器一致性指数 $SI(i)$ 、聚类样本占比 $CRI(c)$ 、聚类周期性指数 $CPI(c,w)$ 和聚类传感器一致性指数 $CSI(c)$ ，来衡量聚类结果的时空差异性和规律性，并根据各指标的物理意义，提出了如下的数据挖掘方法。需要说明的是，根据数据挖掘的目的及数据质量的好坏，4 个指数的阈值可做相应调整。

接地电流数据挖掘流程如下：

（1）利用聚类方法对护层电流"天样本"数据集 X 聚类，得到二维时空图。

（2）计算二维时空图的传感器一致性指数 $SI(i)$ ， $i = 1, 2, \cdots, s$ 。

若存在 $SI(i) \geqslant thre_{SI}$ ， $i = 1, 2, \cdots, s$ ，则去掉这 s 个异常传感器数据得到新数据集 X^{G_1} ，并跳转到步骤（1）重新聚类；

若所有 $SI(i) < thre_{SI}$ ，则跳转到下一步。

（3）计算第 c 类的样本占比指数 $CRI(c)$ ， $c=1,2,\cdots,C$ 。

若 $CRI(c)>thre_{CRI}$ ，则第 c 类对应主要模态；

若 $CRI(c)\leqslant thre_{CRI}$ ，则第 c 类对应次要模态。

（4）计算所有聚类的 $CPI(c,w)$ 和 $CSI(c)$ 指数，并画出 $[\max\limits_{w} CPI(i,w)-thre_{CPI}$ ，$CSI(i)-thre_{CSI}]$ 的分布图，基于 $thre_{CPI}$ 和 $thre_{CSI}$ 将分布图分为四个象限，出现在不同象限的类分属不同模态：

（1）第一象限对应电力电缆全局周期性模态。

（2）第二象限对应电力电缆全局偶然性模态。

（3）第三象限对应电力电缆局部偶然性模态。

（4）第四象限对应电力电缆局部周期性模态。

基于迭代聚类的数据挖掘方法，既能够发掘出"天样本"数据集中的异常模态曲线，还能保证正常模态的周期性数据能够被很好的分类。

（三）实际案例

本节讨论某省会城市隧道中的某输电线路从 2016 年 12 月 17 日到 2017 年 5 月 9 日共计 144d 的接地电流数据挖掘。该条线路共有 8 个交叉互联的接头，由于 6 处接头的传感器数据丢失，因此，整个数据集包含 7 个位置共 21 个传感器的历史数据。其中，采样时间间隔为 5min，故"天样本"为维度 $d=288$ 。接下来，将 144d 的数据记为矩阵 $X\in R^{3024\times288}$ ，矩阵的每一行为一个样本，样本的总数目为 21×144=3024（21 个传感器、144d），每个样本的维数为 288。

基于图 4-4 所示聚类方法，得到了如图 4-5（a）所示的二维特征在特征空间中的分布情况，其中每个点对应特征矩阵中的一个行向量，图的两个轴对应行向量的两个维度。图 4-5（b）进一步展示了基于这些二维特征采用 DBSCAN 算法进行聚类的结果，图中的不同颜色代表不同的类。可以看到，所有样本被划分成了 14 个类，其中有 4 个类涵盖了大部分样本。因此，为了更加清晰地展示聚类结果的合理性，图 4-6 给出了最主要的四个类（聚类 1~4）的样本曲线，可以看出，每个类中的接地电流曲线具有类似的变化规律，而不同类之间的接地电流曲线之间有较明显的区别。

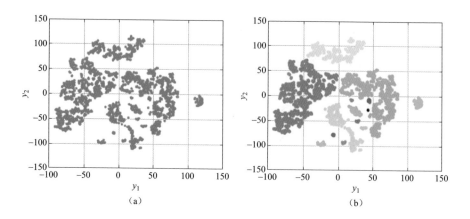

图4-5 X 特征提取及聚类结果

（a）特征分布；（b）聚类结果

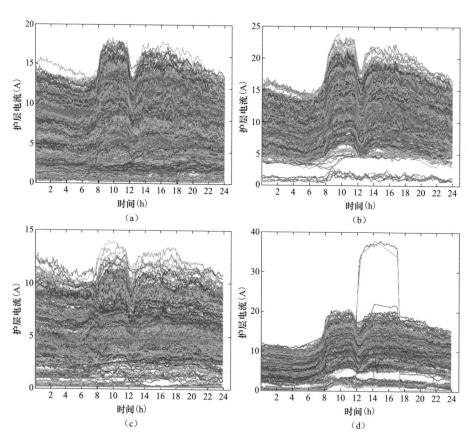

图4-6 X 聚类结果前四类原始曲线

（a）聚类 1 曲线；（b）聚类 2 曲线；（c）聚类 3 曲线；（d）聚类 4 曲线

图 4-7 给出了聚类结果的二维时空图，其中一行表示了与其对应的特定传感器的接地电流"天样本"随时间变化的情况，而一列则表示与其相对应的特定"一天"内的接地电流随传感器的变化情况。观察图 4-7 可以看到：

第 1、2、3、4 类覆盖面积较大，表明相应接头位置的电力电缆经常运行在这四类状态下；而一些类，例如第 10、11、12 类，只是偶尔出现甚至只出现在某一天。

在 21 个传感器中，有一些传感器，如 1 号 A、1 号 B、1 号 C、2 号 A、2 号 B、2 号 C、3 号 A 等大部分传感器随时间（日期）的变化趋势大致一致（比如都表现出比较一致的周期性）；而另一类传感器，如 3 号 B、3 号 C、7 号 A 等几个传感器随时间的变化趋势则明显与其他传感器不同。

第 2～4 类会周期性出现，而其他类并没有这一特点。

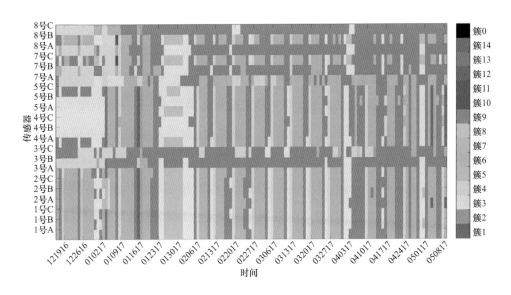

图 4-7　X 聚类结果二维时空

基于数据挖掘自动分析方法，从数据集 X 中剔除了 6 个传感器的样本，重新构造的新数据集 $X^{G_1} \in R^{2160 \times 288}$，这个数据集包含了 144×15=2160 个天样本。新数据集的聚类结果二维时空图如图 4-8 所示。可以看出，大大改善了 X 聚类结果的一致性和周期性。

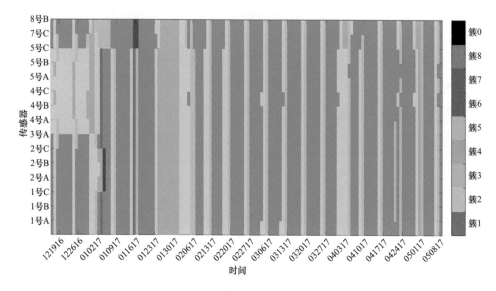

图 4-8 X^{G_1} 聚类结果二维时空

统计了 X^{G_1} 聚类结果的传感器一致性 $SI(i)$、类样本数占比 $CRI(c)$，类周期性指数 $CPI(c,w)$ 和类传感器指数 $CSI(c)$，如图 4-9 所示。根据数据挖掘方法，首先分析传感器一致性情况，从图 4-9 可以看出，X^{G_1} 所有类的传感器一致性都非常高，在 0.9 左右，满足算法要求，下一步可分析各类样本占比。观察图 4-9 发现，第 1~4 类的占比均高于阈值，且远高于其他类别，故前 4 类即为主要模态，其他类别对应次要模态。进一步地，以各类最大的 $CPI(c,w)$ 作为横轴，以 $CSI(c)$ 作为纵轴，得到如图 4-9 所示的周期性—传感器一致性分布，图中的两条虚线分别对应两个指标的阈值。由于图 4-9（c）的横轴，只显示了数值最大类周期性指数。

本节以聚类为工具，提出了基于无监督学习与时空分析的迭代数据挖掘方法。首先，将各位置数据进行"天分割"，并基于 SdA 和 t-SNE 对"天样本"进行特征提取，通过计算两两特征向量间的距离，实现基于密度的"天样本"聚类。针对聚类结果的时空分析，首先以聚类结果的 SI 指数为准则，判断是否需要重新迭代聚类，当最终聚类结果的 SI 指数满足要求时，进一步根据 CRI、CPI 和 CSI 这 3 个指数对数据进行模态分类，最终将护层电流数据自动地分为了全局周期性、局部周期性、全局偶然性、局部偶然性 4 类模态。为了验证本文数据挖掘算法的有效性，本文采用某电力电缆线路护层电流数据进行测试，从时空分析结果可以

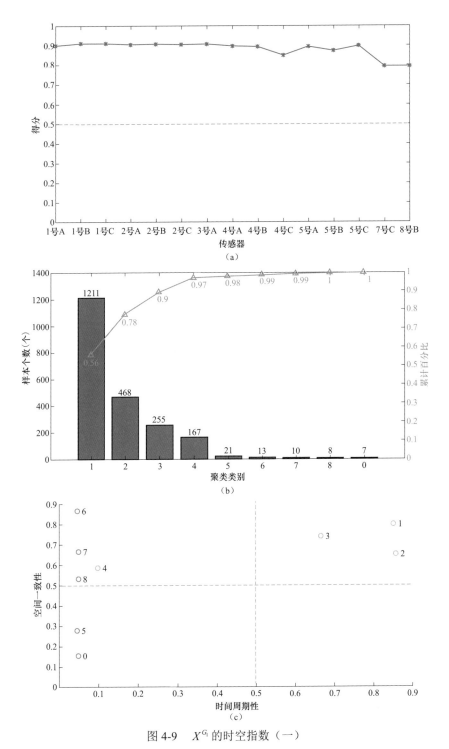

图 4-9 X^{G_1} 的时空指数（一）

（a）传感器一致性指数；（b）聚类样本占比；（c）聚类周期性－传感器一致性指数分布

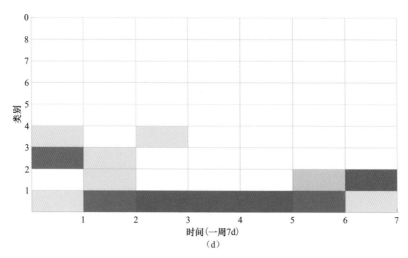

图 4-9 X^{G_i} 的时空指数（二）

（d）聚类周期性指数

看出，具有周期性正常模态的样本几乎都具有相似的趋势，只是在幅度上有所变化，这说明本节提出的数据挖掘方法更关注护层电流趋势的一致性而不是幅值，且这些模态分别对应周一、周二到周六、周日几天的模态，说明本节算法具有实际应用价值。

第六节   知 识 库 设 计

一、研究背景

随着电力电缆的广泛应用，电力电缆故障诊断方法越来越受到相关领域的重视。在整个电力电缆故障诊断过程中，只能进行故障点采集，并不能对电力电缆故障进行分析与诊断。因此，利用人工智能算法和系统采集的数据进行故障检测和诊断，及时、准确地对电力电缆故障做出评估，就成为当前的主要任务。结合电力电缆故障自动测试系统的测试数据，建立电力电缆故障诊断知识库，提高电力电缆故障诊断的准确性。

采用神经网络技术分析了电力电缆故障数据，建立了故障诊断仿真模型，实现了对电力电缆故障点的检测和诊断，根据检测结果及时做出正确的故障评估。试验表明，基于神经网络的电力电缆故障诊断系统能有效地提高对电力电缆故障的判别能力。为解决噪声对电力电缆故障诊断结果的影响，王鹤等人提出了一种基于自动检测系统的低压电力电缆故障诊断方法。该方法主要利用自动检测系统采集电力电缆的故障信息，人工进行电力电缆故障诊断分类。采用神经网络算法，在自动检测系统的基础上，消除了噪声对电力电缆故障检测过程的影响，减少了检测误差。能够及时准确地评估电力电缆故障信息。

二、研究目标

梳理并整合电力电缆相关业务数据、运行数据、监测数据及试验数据，研究高压电缆的知识挖掘，形成包含电力电缆的业务数据、运行数据、监测数据、实验数据等的高压电缆知识库，提供可视化分析、知识查询等功能；随着故障数据不断积累实现知识库的自动更新，实现工作模态的统计分析；通过知识库的不断丰富，提高检测系统的性能。

三、需求分析

电力行业电力电缆故障检测知识库建设相对薄弱，知识的更新均依赖于人工定期更新，知识检索效率、知识使用参与度低，运维人员在大量的实际工作过程中积累了丰富的经验，但该类隐性知识难以被转化为显性知识，缺乏经验分享、交流，无法上升到知识的层面。本部分拟保存系统状态形成知识库：在划分工作模态的基础上，分析不同模态的重要性、模态之间切换的规律以及模态的特征提取等，并保存为关于系统状态的知识库，为后续系统状态动态评估和故障诊断提供支持。

数据关联规则知识库，包含不同变量指标之间的关联关系和约束关系，并能够根据数据挖掘的结果不断更新和完善。

系统模态知识库，包含电力电缆不同工作状态的模态特征、重要性、变化规律等知识，并能根据数据挖掘的结果不断更新和完善。

四、技术实现

（一）自学习知识库的系统框架

自更新自学习知识库的系统框架如图 4-10 所示。

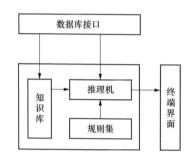

图 4-10　自更新自学习知识库系统框架

1. 自更新知识库设计

通过程序将状态量、状态评价导则的各类判定规则以知识库的形式固化和存储在数据库中，作为评价设备健康程度的判断依据。知识库的知识来源包括以下类型：

（1）电力电缆状态评价导则、在线监测标准、检修章程等业务规章制度、手册。

（2）数据挖掘获得的模态分类信息，结合人工标定获得的标签信息、设备画像。

（3）设备运行过程中积累的各种类型故障，及其严重程度、判断依据、典型症状、处理方式。

（4）业务经验与专家知识。

（5）国内外权威文献总结等。

（6）当聚类分析、模态挖掘等任务产生的结果经人工确认后，形成新的知识，添加至数据库中，知识库通过调用数据库接口实现知识的更新。

2. 规则集

规则集是状态评价推理所使用的所有规则的集合。规则集的构建极大地提高了设备状态评价的自动化、智能化。本研究采用的是基于产生式的知识表示法。产生式表示法是"当前 1 个或 N 个条件为真时，则结论为真"的表示形式。

常见形式为："If 前提条件，Then 结论"，其条件可以是一个或多个逻辑的组合，但结论仅为一个。

3. 系统推理机

推理机是根据加载解析的知识库规则，并根据知识库中所获取的电力电缆

设备状态量数据和判断依据进行推理的执行过程。状态评价推理机模型如图 4-11
所示。

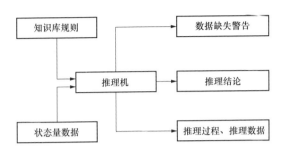

图 4-11 状态评价推理机模型

推理机控制整个智能评价系统的有序运行，模拟专家思维实现根据知识库判
断故障种类的过程。在推理过程中，由于对问题不能全面把握，就会要求输入一
些对问题求解有帮助的数据或者信息，直到求出问题的解或者判断出问题无解，
其过程如图 4-12 所示。

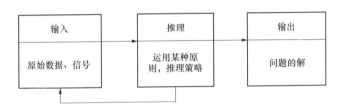

图 4-12 推理过程

为实现基于知识库的电力电缆故障诊断，拟采用多种推理方式相结合的推理
机制，包括确定性推理、不确定性推理、启发式推理。在基于人工智能技术的电
力电缆监测和诊断算法的控制策略上，拟采用正向推理、逆向推理和冲突消减策
略的推理控制策略。

对电力电缆故障知识库，因其知识类型较为复杂，本书利用正向推理结合冲
突消减策略进行推理，置信度大者优先输出结果，如果对结果不满意，则输出下
一条结果，电力电缆故障诊断知识库得到的结果是电力电缆故障类型。指针首先
指向动态知识库，对动态规则逐一扫描，若有匹配规则，则直接输出结论，若没

有匹配规则，则指针指向静态知识库的第一条规则的第一个前提，为某规则的第一个前提条件，每一个规则含有一个前提条件。前提条件匹配成功则判断该条件单元的标识符是否为，若为则调用规则结论，若不为且等于该规则前提的条件数，则移动到下一条规则继续匹配，否则，继续匹配。如此进行反复匹配，直到成功匹配某条规则，输出规则结论并将该规则存入动态知识库。

（二）技术实现

利用机器学习构建电力电缆故障诊断知识库，在深度学习的作用下，得到电力电缆故障诊断知识库的矩阵方程。

利用矩阵方程，可将电力电缆故障问题转换成深度学习的可解方程式，得到电力电缆故障诊断知识库的目标集为 $E_k \in E(k=1,2,\cdots,t)$，基于机器学习模式下的深度学习概念集 $P_i \in P(i=1,2,\cdots,m)$，利用机器学习将相邻的电力电缆故障诊断知识库模型的信息进行互换，得到故障特征向量为 $I_j \in I(j=1,2,\cdots,n)$，从而得到电力电缆故障诊断的可靠评估值为 $r_{ij}(k) \in S$。当电力电缆故障诊断知识库的矩阵方程满足 $B_k = [r_{ij}(k),0]_{m \times n}$ 时，利用机器学习对电力电缆故障诊断知识库模型进行重构。

根据以上过程，得到了电力电缆故障诊断的知识库结构，如图 4-13 所示。

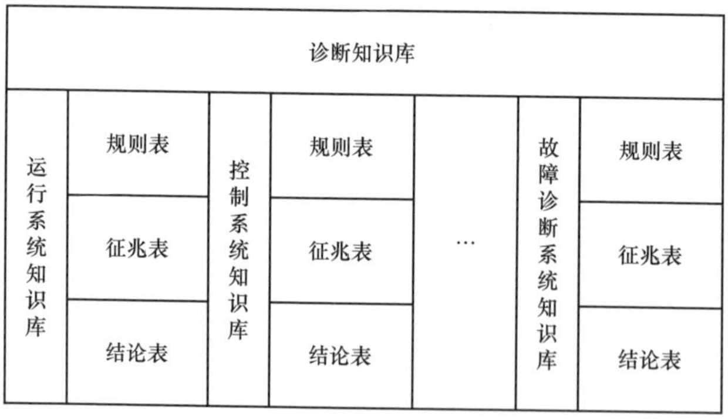

图 4-13　电力电缆故障诊断的知识库结构

综上所述，采用机器学习建立了电力电缆故障诊断知识库，通过设计电力电缆故障诊断的知识库结构，实现了电力电缆故障诊断知识库的设计。

第七节　系统工具设计与开发

系统工具设计与开发主要包含了数据存储与数据库设计、首页设计、数据清洗模块、关联分析模块、无监督聚类与数据挖掘模块和多源数据模块。具体形式如图 4-14 所示。

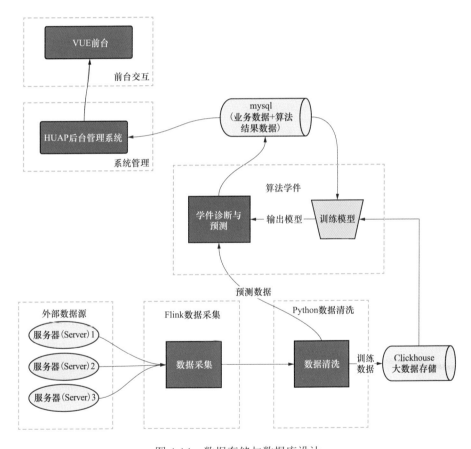

图 4-14　数据存储与数据库设计

系统工具首页：从感知层、链路层和应用层分别对电力电缆进行状态检测和诊断，并在首页进行集中展示，如图 4-15 所示。

数据清洗：如图 4-16 所示，通过对多源数据进行整理和清洗，进行数据存储优化、数据清洗、数据规整等预处理工作；实现剔除离群点、规范采样周期、提高数据质量的功能。

图 4-15　系统工具首页模块

图 4-16　数据清洗

　　关联分析：如图 4-17 所示，从数据中分析不同监测指标之间的关联性或者相关性，从而描述电力电缆中某些属性或状态同时出现的规律，并进一步将发现的关联关系提取为规则。

　　无监督聚类与数据挖掘：在不提供或者仅提供有限信息的前提下，利用深度学习等人工智能技术，通过无监督的模式自动挖掘不同维度之间数据的相关关系，并形成判断数据样本之间是否相似的距离度量。

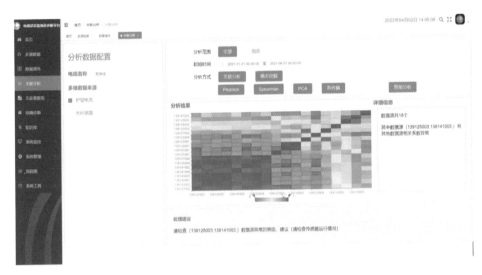

图 4-17　关联分析

聚类分析：如图 4-18 所示，基于上述相似性度量，将相似的数据划分为同一组，将不相似的数据划分为不同组，从而将历史数据分解为不同的集合。

电力电缆的工作模态：在划分集合的基础上，分析不同集合的数据特点、出现规律等，集合所反映的系统状态。

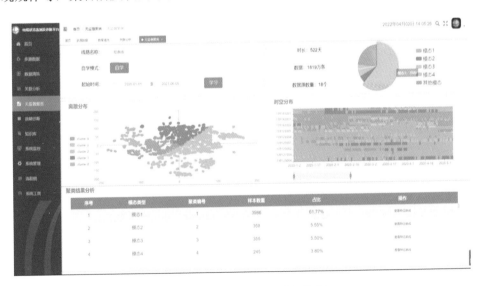

图 4-18　无监督聚类与数据挖掘

第五章
基于机器学习的电力电缆局部放电模式识别

第一节 电力电缆局部放电检测研究现状

19 世纪 70 年代，麦克斯韦提出了电磁学理论；19 世纪 90 年代，赫兹验证了麦克斯韦的这些理论。这些物理学上的里程碑式发展，都为局部放电问题的研究提供了建模依据。

随着局部放电相关理论的研究逐步推进，局部放电检测在工程实现方面也渐渐发展起来。第一台局部放电检测装置诞生于 1919 年，该装置主要运用功耗电桥原理来实现。发生局部放电现象时，通常会伴随产生电磁波，在这种无线电频率特性被研究清楚后，随之而至的是一种无线电干扰仪，紧接着便有了测量局部放电所用的无线电干扰法，且这种方法至今仍然在北美的一些国家广泛应用着。再不久，积分电桥法被应用在局部放电的检测中，这种方法充分利用了局部放电物理上的电学特性，效果比上述方法更具优势，以至于这种方法被沿用至今。

随后，对局部放电的特性研究已不仅限于电学特性，而是扩展至局部放电的光学、热学等其他物理特性，伴随着对这些物理特性研究的逐渐成熟，基于这些物理特性的多种检测方法也应运而生，如光电检测、超声检测等。

局部放电缺陷类型的模式识别问题一直都是局部放电领域的研究热点问题，尤其是近些年深度学习的快速发展后，该问题的研究更是迎来了新的热潮。但是，传统的局部放电缺陷类型识别方法，主要通过对信号进行处理后，人工计算出信号的多个统计量，这些统计量将信号表示为一个高维线性空间的向量，再依据向量进行模式识别。这种方法的弊端显而易见，过度依赖专家经验，无法完全实现数据特征的自动化提取。深度学习的快速发展为解决这一问题提供了全新的思路。近年来，深度学习技术火速发展，在这样的背景下，图像处理等多个领域的研究都有着里程碑式的推进，各种深度学习模型层出不穷，不同种类的模型适应于不同类型的数据和任务，这些模型也开始逐渐被应用于局部放电的模式识别中。

局部放电检测工作可分别在电力设备运行或者停运时进行。电力设备停运期间，通过特定仪器对设备的绝缘介质进行测试，检测其放电水平，这属于一种较低级别的离线检测方式，较容易实现。而电力设备运行期间实时对局部放电现象进行检测，则属于一种较高级别的在线检测方式。到目前为止，对于停运时检测的研究较多，而这种检测方法需要定期进行人为检查，设备无法在局部放电发生的第一时间内作出响应。设备运行时的检测将成为当下的主要研究方向。

电力电缆的在线局部放电检测，国内的检测方法通过安装在电力电缆电流接地线上的高频电流传感器，来耦合电力电缆本体及接头处的局部放电脉冲电流信号，耦合到的脉冲电流信号通过同轴电力电缆传送至前端监测采集器，再通过电路对信号进行放大、模数转换等操作后，将信号传送至监测主机，检测主机对信号进行分析处理来实现局部放电的检测，原理如图 5-1 所示。这种方法基于脉冲电流法实现，面对复杂的环境噪声干扰，容易形成误判。

电力电缆局部放电检测过程中，干扰信号的抑制方法一直是局部放电研究领域中的热门课题，该问题是数字信号处理相关技术在局部放电检测问题中的实际应用。局部放电信号的幅度与放电强度相关，当绝缘介质缺陷较小或电极间电压较小时，局部放电现象较弱，信号幅度甚至小于噪声信号，因此，采样信号中干扰信号的抑制问题，存在很大难度。

为了解决电力电缆局部放电模式识别的问题，国内外开展了广泛的研究。局部放电模式识别的方法主要包括基于相位图谱的模式识别、基于等效时频特征的模式识别、机器学习模式识别等。通过对局部放电的相位图谱提取统计参数，

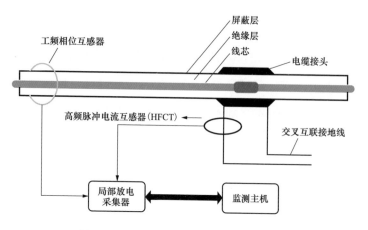

图 5-1　高压电缆在线局部放电检测原理

可获得局部放电的统计算子，统计算子对原有的局部放电数据进行压缩，降低了局部放电处理数据的维度，降低了计算的复杂度。统计算子包含两类：一类描述了局部放电相位图谱的形状，如偏斜度、陡峭度等；另一类描述了相位图谱正负半周的差异，如放电量因数、相关系数等，统计算子的集合被称为放电指纹。等效时频特征法先对局部放电脉冲做归一化处理，再计算其等效时间长度和等效带宽。机器学习方法在局部放电识别中有很多应用。常见的机器学习方法有支持向量机、逻辑回归、决策树等。例如，利用不同算法将不同缺陷的局部放电信号进行小波分解，并对小波进行时频分析，提取时频域的信息熵，再经过聚类确定小波系数，最后将信息熵送入支持向量机模型进行识别。

第二节　电力电缆局部放电数据自学习实现策略

高压电缆是电力系统的一部分，随着智能电网的推进发展，电力设备监测系统从高压电缆中能够获取高速增长的监测数据。传统的数据处理技术难以满足海量局部放电数据的要求，需要新的技术去提高局部放电处理的效率。

一方面，海量局部放电数据占用巨大的存储空间与计算资源；另一方面，海量局部放电中存在相似度很高的局部放电信号。这类局部放电信号对局部放电样本的丰富度贡献很低。如何计算局部放电的相似度，并根据相似度进行海量局部放电数据的约减，是局部放电预处理过程中的难点之一。

局部放电有多种类型，如内部放电、沿面放电、电晕放电等。局部放电监测中观察到的信号种类形状很多，如图 5-2 所示。局部放电发生的位置有很多，如发电机局部放电、变压器局部放电、电力电缆局部放电等。不同的局部放电类型和位置中，存在部分局部放电相似度很大，重叠很高。这给局部放电的识别带来了困难。

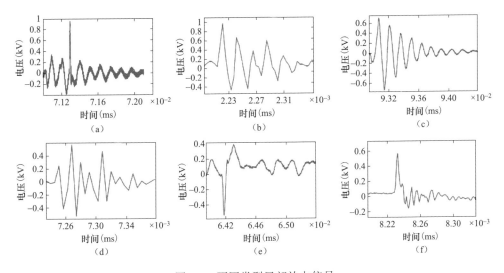

图 5-2　不同类型局部放电信号

（a）悬浮放电；（b）电晕放电；（c）暂态过电压放电；（d）沿面放电；（e）脉冲放电；（f）电离放电

目前，电力电缆局部放电在线监测中的局部放电识别，大多停留在人工分析和半人工分析阶段，自动化程度较低。局部放电在线监测系统一般需要将局部放电数据上传到中央服务器，并通过专家进行辅助分析。这种人工分析方式效率太低，制约了局部放电监测系统的推广。如何全自动或接近全自动进行局部放电识别是局部放电预处理过程中的一大难点。

一、电力电缆局部放电数据的自学习提取策略

（一）基于强化学习的自学习方案

强化学习又称评价学习，是一种不断自主学习的机器学习算法。强化学习方

法学习到的是如何从环境映射到行为，优化目标是期望的收获函数最大。强化学习不会自己判断如何做最佳决策，而是通过周围环境的收获信号判断决策的优劣，进而优化其决策方式。

基于强化学习的局部放电自学习方案，包括状态、行动、回报 3 个方面。状态指当前模式识别方法的参数，以及该模式识别方法对当前局部放电样本的判别结果。行动指模型参数的调整。回报指模型的识别精度。

基于强化学习的自学习方案，首先确定基础模式识别模型的参数，然后将训练数据不断输入到模式识别方法中，根据模式识别的精度动态调整模型的参数。

（二）基于历史样本库的自学习方案

模式识别方法需要一定的训练数据。基于样本库的自学习方案，通过构建局部放电和干扰的动态样本库，为模式识别方法提供了训练数据。基于历史样本库的自学习，首先通过原始的模式识别模型判断信号属于局部放电还是干扰，如果模式识别模型判断不出来，则通过信号脉冲的交互式分析系统做进一步判断，最后获得准确的局部放电信号和干扰信号，并将其归入局部放电库或干扰库。有了局部放电库和干扰库，就可以通过它们构建更加准确的模式识别模型，减少人工的参与次数，最终实现全自动或接近全自动的局部放电自动预处理系统。

（三）电力电缆局部放电的自学习提取策略设计

电力电缆局部放电的自学习提取策略可设计成如图 5-3 所示，自学习策略包含自验证、自约减、自增长 3 大模块。

自验证指的是自动判断信号属于局部放电还是干扰。首先，通过样本库寻找与需要判断的信号相似的信号，如果存在类似信号，则以类似信号的类别作为该信号的类别；如果不存在相似信号，则通过自动图谱识别的技术进行判断。通过综合样本库与自动图谱识别的方法，该模块可自动判断信号属于局部放电或干扰，实现了自验证的功能。

自约减模块指的是自动减少信号的数量，以减少系统内存等资源的开销。该模块通过计算信号与历史样本库信号的相似度，对相似度较高的信号进行删除，以实现减少信号数量的目的。

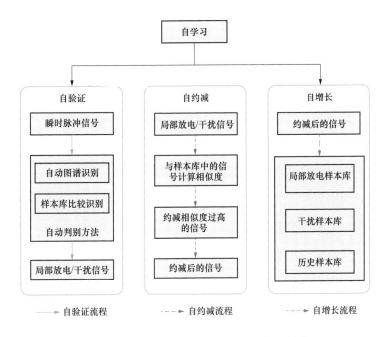

图 5-3　电力电缆局部放电的自学习提取策略

自增长模块指的是系统判断的信号会自动加入到样本数据库中，对历史样本库数据进行更新。更新后的样本库数据包含更多、更丰富的样本，增强了自验证环节的识别能力。计算信号与样本库中信号的相似度，约减相似度较大的信号，将约减后的信号输入样本库对样本库数据进行更新。

为了有效地约减局部放电的数量并对局部放电样本进行有效的管理，在判断信号属于局部放电信号后，将该信号与历史局部放电样本库中的样本进行比较。如果局部放电样本库中存在类似的局部放电信号，则该样本不添加到局部放电库中，否则将该样本添加到局部放电样本库中。干扰信号是否添加到干扰样本库中的规则与上述局部放电添加的规则类似。通过对局部放电和干扰样本进行筛检，有效减少了局部放电样本库和干扰样本库中的样本数量，优化了系统内存空间的占用，提高了局部放电预处理的效率。

二、电力电缆局部放电数据的自学习实现

系统首先设定脉冲提取的门槛值，对原始放电信号提取瞬时脉冲信号，然后

判断是否存在样本库。如果存在样本库，则计算脉冲信号与样本库中的信号的相似度，并发现与其最相似的样本信号。当脉冲与最相似的样本信号的相似度达到设定阈值98%以上时，该脉冲信号的类别设定为最相似样本信号的类别，实现了局部放电和干扰自动判断的功能。如果不存在样本库，那么通过基于K-Means的自动图谱算法自动识别局部放电和干扰信号。

基于K-Means聚类算法的自动图谱通过信号抽取、坐标转换、K-Means聚类、中心点平移、类别判断，克服了局部放电监测中相位信息难以直接获取的缺点，能对局部放电信号进行有效的判断。

获得聚类个数K及中心点平移后的图谱后，对于局部放电和干扰信号的识别，该识别模块的识别规则如下：

（1）规则1：当$K=2$时，正、负中心点分布于相对的两个区域，相对中心点的角度为180°（1±10%）。满足上述条件的信号为单相电压下的局部放电信号。

（2）规则2：当$K=4$时，正、负中心点分布于相对的两个区域，相对中心点的角度为180°（1±10%），相邻中心点的角度为60°（1±10%）或120°（1±10%）。满足上述条件的信号为双相电压下的局部放电信号。

（3）规则3：当$K=6$时，正、负中心点分布于相对的两个区域，相对中心点的角度为180°（1±10%），相邻中心点的角度为60°（1±10%）。满足上述条件的信号为三相电压下的局部放电信号。

（4）规则4：当规则1、2、3都不满足时，信号为干扰信号。

基于K-Means的自动图谱识别算法首先基于特征寻优选择有利于区分局部放电和干扰的特征，然后构建该特征的相位图谱，并对图谱进行网格划分，不同的区域被当作不同的类别。针对某一类别，首先进行坐标变换，将笛卡尔坐标下的图谱映射到极坐标下，得到正脉冲的极坐标图和负脉冲的极坐标图；接着用K-Means方法对极坐标下的正脉冲图和负脉冲图聚类；聚类完、后，采用中心点平移的方法将正脉冲图和负脉冲图合并到一张图上。

识别出局部放电和干扰信号后，需要将信号进行约减，并送入历史样本库中。

通过计算局部放电/干扰信号与局部放电/干扰样本库中的信号的相似度，找到最相似的信号。如果最相似的信号的相似度高于98%，则将该信号删去；否则，将该信号添加到局部放电/干扰样本库中。

第三节　电力电缆多源局部放电数据样本集的预处理

由于特高频局部放电检测仪器存在存储速度、操作方便性等方面的考虑，其检测数据通常以图像等非结构化数据进行存储，尤其是对于包含定位功能的仪器（如示波器）来说，其采样率一般很高，二进制数据文件会占用大量的存储空间和存储时间，因此，运行条件下，电力电缆的特高频局部放电检测数据中存在大量的图片等非结构化数据。此外，不同特高频局部放电检测仪器厂商在局部放电数据格式上存在一些区别，造成了局部放电大数据库具有典型的多源异构的特点。因此，为提高数据的有效性和利用效率，需要对特高频的数据样本进行预处理，主要包括对多源异构数据的归一化和不良数据的清洗。

一、多源异构数据的归一化方法

多源异构是大数据的典型特征之一，但多源异构的特性会影响数据的存储和应用，造成数据存储效率低下，同时，无法利用智能算法进行模式识别、诊断等功能。因此，对局部放电人样本集的预处理，首先需要对多源异构数据进行归一化处理，将不同格式、不同参数的数据转换为相同格式和参数的数据。

（一）非结构化数据的信息恢复方法

电力电缆的局部放电检测中大量使用了高速采集示波器，由于示波器存储空间缓存限制，若存储二进制格式的多周期局部放电数据，文件大小会大于示波器存储深度最大上限造成数据丢失，且存储速度较慢，因此，现场检测保存为连续多周期时域波形图像。因此，首先需要将此类图片型数据转化为结构化数据。

多周期时域波形图像数据处理的总体流程如图5-4所示。

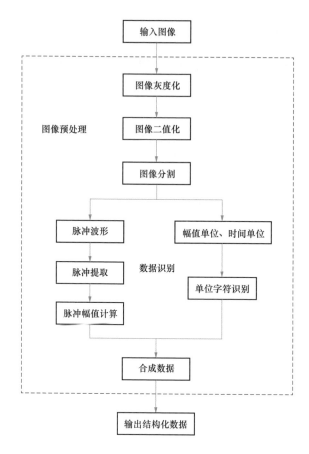

图 5-4　图片数据的结构化数据恢复流程

　　首先，通过图像预处理方法分离出原始的时域图像中的有效信息。合理的预处理方法可以大大简化后续的数据处理流程。在图像灰度化阶段，采用分量法对彩色图像进行灰度化处理。然后，通过人工选择阈值，对灰度图进行全局二值化操作。二值化后的图像数据仅由 0，1 组成，便于提取脉冲数据。最后，进行图像分割，将数据分割为脉冲数据区域和幅值时间单位区域，分别处理两者的信息。

　　预处理后的两类图像均为小尺寸的二值化矩阵，对于幅值单位，由于其字符单一，重复率高，可以直接通过建立字符模板字典，然后字典查询的方式识别。对于脉冲数据区域，通过计算矩阵中大于阈值的非零列的宽度，可以计算脉冲幅值、相位信息。

（二）不同参数的局部放电数据的归一化方法

电力电缆局部放电的 PRPS 图谱脉序相位特性图谱（Phase Resolved Pulse Sequence，PRPS）数据是一个二维矩阵，其矩阵的两个维度分别代表相位和周期。不同来源的数据在相位分辨率和周期上都会有所区别。如假设以 1 度为相位分辨率，则相位维度的尺寸为 360；以 5° 为相位分辨率，则相位维度的尺寸为 72。因此，造成不同仪器来源的局部放电数据输出二维矩阵的参数不同，有的是 50×72，有的可能是 100×360 等。将高相位精度的数据映射为低相位精度数据时，可以直接将高相位精度的数据按照较低的相位精度对相应的相位区间内数据求最大值，如下

$$\overline{x_{i,j}} = \max\left\{x_{i*n-n,j}, \cdots, x_{i*n,j}\right\}, n = \frac{D}{\overline{D}} \tag{5-1}$$

式中：D 为待转换数据相位的维度；$\overline{D}$ 为归一化后数据相位的维度；n 为整数。

对于不能整除的情况，可以通过零延拓的方法，对原始数据扩展后再按照公式计算。将低相位精度的数据映射为高相位精度的数据时，采用乘积最大的优化原则，将低相位精度的数值拆分插值于高相位精度对应的相位区间内。

针对幅值归一化，按照其动态范围进行线性归一化；对于无法获取动态范围的数据，按照样本的最大值和最小值进行线性归一化。相位相关局部放电图谱（Phase Resolved Partial Discharge，PRPD）图谱数据也可以采用类似的方法进行归一化。

（三）不良数据的检出方法

大数据样本下，不良数据的产生几乎是必然的。由于现场局部放电检测人员的检测水平参差不齐，另外，背景干扰可能突然出现超标，检测设备可能出现故障等原因，所以会造成数据样本中存在一些低质量的数据。通常情况下，检测结果可能存在以下两类不良数据。

（1）空值数据。由于检测仪器的信号处理单元出现异常，或者检测人员操作失误，参数设置错误等原因，造成未采集到信号，如图 5-5 所示。

（2）噪声数据。在检测背景存在间歇性强干扰噪声的情况下，检测数据中可

能会存在一些强噪声的数据，其信号的脉冲淹没于噪声信号中，无法看到有效脉冲，或有效脉冲个数极少，如图 5-6 所示。

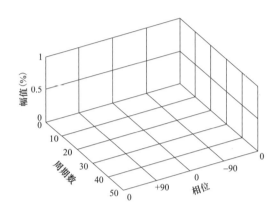

图 5-5　PRPS 空值数据示例

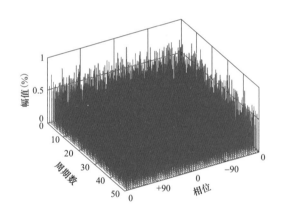

图 5-6　强噪声数据示例

不良数据会影响后续智能学习模型的训练、测试效果，因此，有必要对数据集进行数据清洗，检出不良数据。观察图 5-6 中数据集中的不良数据，可以看出其特点是有效脉冲个数极少，因此，可以通过判断有效脉冲个数检出不良数据。数据清洗的总体流程如图 5-7 所示。

对输入数据，经过格式检查后，运用一种去噪方法将背景噪声滤除，然后计算有效脉冲个数，通过脉冲个数判断数据质量。其中，不良数据检出的关键是相位分布模式数据的噪声滤除，识别有效的脉冲。

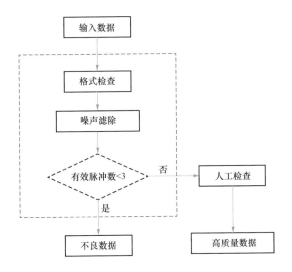

图 5-7　不良数据检出流程

　　图 5-8（a）的数据为一例筛选出的典型不良数据，该数据为一例尖端放电案例中存储的数据，该数据存在一些背景噪声脉冲，有效放电脉冲数较少，经专家辨认，无法认定为尖端放电数据。经过滤波后去除了大量的背景噪声脉冲，保留了原数据中的放电脉冲，得到图 5-8（b）的数据，可以判断该数据为不良数据。

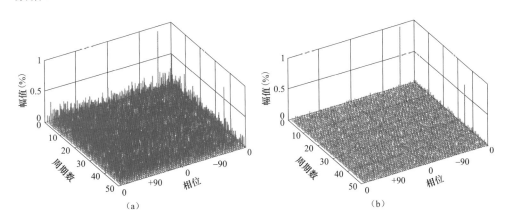

图 5-8　有效脉冲较少的不良数据图谱

（a）去噪前；（b）去噪后

图 5-9 为一例悬浮放电案例中存储的数据，该数据中也存在大量的背景噪声脉冲，但经过滤波后，得到图 5-9（b）的数据中可以看出有效的放电信号。因此，按照不良数据检出流程方法判断，该数据不是不良数据，可以用于后续的智能学习算法的训练和处理。

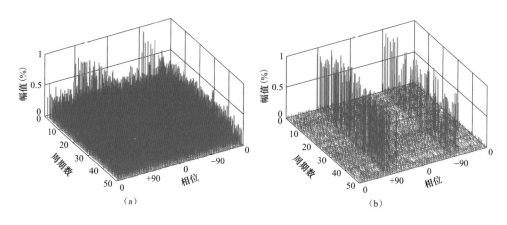

图 5-9　有效脉冲较多的优质数据图谱

（a）去噪前；（b）去噪后

第四节　复杂数据源下的局部放电模式识别方法

不同的局部放电类型下，电力电缆绝缘缺陷的发生、发展情况差别巨大，因此，识别局部放电的类型是对电力电缆内部绝缘缺陷的局部放电数据进行分析的第一步，也是局部放电风险评估的基础。如引言中所述，传统的局部放电模式识别方法在当前的变电站现场应用中效果较差，因此，在建立了包含变电站现场运行条件下，电力电缆局部放电数据的复杂多源数据集后，本节将分析数据集的特点，并研究复杂数据源下的局部放电模式识别方法。

由于深度学习（Deep Learning，DL）在大数据特征提取、数据降维等方面表现出显著优势，目前已被广泛应用于图像处理、语音识别等领域。深度学习网络具有自主从海量数据中学习特征信息的特性，与传统人工特征选择方法相比，更有利于提取数据内在信息。其中，由于深度卷积网络（CNN）在图像识别领域取得的优异表现，尤其在大图像处理上的优势，在当前应用最为广泛，是近年来深度学习领域的研究热点。电力电缆局部放电检测分析中常用的 PRPD 图谱和 PRPS 数据，本质上都是尺寸较大的二维矩阵，与数字图像的数据格式具有一定的相似性。此外，由于现场条件的影响，该矩阵中的数据也会出现相位偏移、幅值大小不一等情况，而深度卷积网络具有对于输入样本的平移、缩放、扭曲不变性。综上所述，本节提出一种基于深度卷积网络的局部放电大数据模式识别方法。以 CNN 为基础模型，利用自编码网络对样本数据进行无监督预训练，获取卷积层初始参数。通过卷积、池化及反向传播操作，达到识别参数最优化。通过对多源局部放电大数据特征映射提取，有效提高了复杂场景海量局部放电数据的模式识别准确率。

一、复杂数据源下局部放电模式识别问题

检测现场的电力电缆局部放电检测数据来源复杂，当前检测仪器种类众多，仪器性能差别较大，造成不同检测仪器的检测数据存在区别。另外，由于现场电力电缆的运行工况条件复杂，如不同时间段的负荷率存在变化，造成同一个放电点在不同时间段的局部放电检测结果可能存在不同。另外，不同区域的干扰信号存在不同，也会造成检测信号存在区别。

局部放电检测系统性能对检测数据的影响主要包括以下方面：

（1）传感器性能。特高频传感器是特高频局部放电检测的关键，目前，在变电站现场应用的局部放电检测系统中的特高频传感器，基本上由各个检测厂商自行研发，性能存在差别，不同厂商的特高频天线的有效高度、频谱响应等关键参数均大不相同，造成不同检测仪器对于相同放电信号的检测幅值不同。

（2）幅值度量方式。不同检测仪器的幅值度量方式也存在不同，如有些仪器直接以传感器输出的电压幅值度量，即以 mV 为单位度量；有些仪器对传感器输出电压幅值进行了转换处理，以 dB 为单位度量，或以百分比度量。不同的度量方式也造成了检测幅值存在一些区别。

（3）信噪比。不同检测仪器的干扰信号处理方式存在一些区别，有些仪器采

用低通滤波，有些仪器采用带通滤波，有些仪器采用开窗滤波，有些仪器采用典型信号对比；相同的干扰信号处理方式下应用的参数也不相同，造成信号幅值存在区别；同时，局部放电信号的相位分布也存在区别。

（4）是否有工频相位同步功能。由于在变电站等现场的电压频率存在漂移，并不能保证严格工频，因此，无工频相位同步功能的仪器的检测数据在一定时间以后会产生相位偏移，局部放电数据的 PRPS 图谱会产生扭曲，PRPD 图谱会在相位上散开，造成与有工频相位同步情况下的检测数据存在相位区别。

此外，由于电力电缆设备在不同时间下负荷率波动、温度波动等原因，不同的检测时间带来检测数据存在区别的案例也大量存在，5-10 所示为现场的同一个检测点使用相同的检测仪器在不同时间下的检测数据。

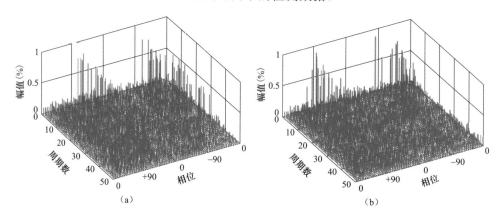

图 5-10　同一检测点不同检测时间的检测数据图谱

（a）中午的检测数据；（b）傍晚的检测数据

由图 5-10 可以看出，中午的检测数据在多个周期内较为连续，而傍晚的检测数据间歇性较强，脉冲根数较少。对于局部放电检测数据幅值上的区别，在归一化方法中已经对其进行了处理，对于信噪比、复杂干扰环境、有无工频相位同步功能等带来的局部放电数据差异，会造成传统的局部放电模式识别方法的识别准确率显著下降，无法应用于现场复杂来源的局部放电数据类型辨识。因此，本节利用复杂来源的局部放电数据集，结合深度卷积网络模型研究了相关识别方法。

二、用于局部放电模式识别的卷积网络方法

（一）卷积神经网络结构

卷积神经网络（Convolutional Neural Networks，CNN）是一种前馈神经网络，作为多层感知机（Multilayer Perceptron，MLP）的变种，模仿生物神经网络受生物学上感受野（Receptive Field）的机制提出。生物学家休伯尔（Hubel）和威塞尔（Wiesel）在 1968 年提出感受野的概念，在视觉神经系统中，一个神经元的感受也是指视网膜上的特定区域，只有这个区域内的刺激才能够激活该神经元。福岛（Fukushima）在 1980 年基于感受野的思想，提出了神经认知机（Neocognitron），首次实现了卷积神经网络。1989 年，杨立昆（Yann LeCun）等人提出卷积神经网络，在小规模图像应用上取得较好成果。1998 年，杨立昆（Yann LeCun）将卷积神经网络应用在手写字符识别领域。20 世界 90 年代，利用卷积神经网络，银行领域成功用来识别支票上面的手写数字。卷积神经网络区别于传统的模式识别模型，不通过人工提取特征，直接输入原始二维图像，在训练学习过程中自动提取特征，最后输出分类结果。在 2015 年，应用卷积神经网络的人工智能模型在图像的识别准确率上已经超过了人类自身的识别准确率。

图像在计算机中通常为一个二维矩阵，数据矩阵中的值为每个位置的 RGB 值或灰度值等，电力电缆局部放电检测分析中常用的 PRPD 图谱和 PRPS 图谱本质上也均为二维矩阵，与图像有相似性。且在与图像的变换中通常会有平移、缩放等，局部放电图谱的数据在变电站现场检测环境下也会出现相位偏移、幅值大小不一等情况，而深度卷积网络具有对于输入样本的平移、缩放、扭曲不变性，因此，相比于其他深度学习方法，深度卷积网络模型更适于研究局部放电的模式识别问题。

卷积神经网络是一个多层神经网络，每一层为多个二维平面共同构成，每一个二维平面由多个神经元组成。一般的网络结构为卷积层和池化层交替出现，通过对输入数据的卷积、池化，在训练和学习过程中提取数据特征，最后加上全连接层，得到输出。

卷积神经网络的输入通常是预处理后的二维图像数据，隐层主要由卷积层和下采样层组成，卷积层对输入进行特征提取，下采样层对特征进行压缩降维，最后加上全连接层，利用分类器进行模式识别。卷积神经网络结构均由输入层、卷积层、下采样层、全连接层、输出层组成。

（1）输入层。卷积神经网络的输入层即数据层，通常为预处理后的数据矩阵。本节中为输入为局部放电的 PRPS 数据。

（2）卷积层。卷积层由多个卷积核组成，通过将输入的数据与卷积核进行卷积计算，实现局部特征感知，利用权重共享提取图像特征。通常选取不同权值的卷积核，即使用不同的滤波器，来充分提取图像特征，从而表达图像。计算公式如下

$$X_j^M = f(\sum X_i^{M-1} \otimes w_{ij}^M + b_j^M), i=1,2,\cdots,p, j=1,2,\cdots,q \tag{5-2}$$

该公示表示第 $M-1$ 层有 p 个特征图谱，第 M 层卷积层有 q 个特征图谱，每个卷积层的特征图谱 X_j^M 均与上层所有特征图谱 X_i^{M-1} 进行卷积操作，进行计算求和，再加上偏置量 b_j^M，最后经过激活函数得到输出。

卷积层有关计算参数包括卷积核尺寸、卷积核数量、卷积核步长。通常根据输入图像大小选择卷积核的尺寸和数量。卷积核尺寸表示提取的特征图大小。卷积核数量表示提取的图像特征多少，提取特征越多，越有利于进行识别分类，但过多的卷积核数量会造成结构复杂，参数增加。

（3）下采样层。下采样层即进行池化操作，对卷积层得到的特征图谱进行降维，将小区域内进行下采样得到新的特征，减少参数。常用的下采样方法包括均值采样（Mean-Pooling）、最大采样（Max-Pooling）、随机采样（Stochastic-Pooling）等。

均值采样对领域特征点取均值，保留所有数据的特征；最大采样对领域特征点取最大值，利用保留图像纹理信息来降低误差；随机采样对领域特征点按概率值大小随机选择，具有较大随机性。选择不同的采样方法，对图像特征提取有不同影响，将使网络模型的训练学习产生不同的收敛和识别效果。

（4）全连接层。全连接层的意义，即相邻两层每个节点均相连。全连接层将抽象后的特征矩阵进行转换并固定输入、输出维度，便于通过分类器对数据进行

识别分类。第一个全连接层的神经元数目与输入的二维特征子图中所有神经元数目相同。全连接层结构示意图如图 5-11 所示，图中圆形代表每层的神经元。

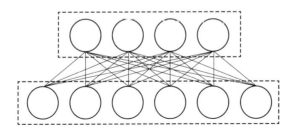

图 5-11　全连接层示意

（5）输出层。通过选择合适的分类器，将连接层的输出进行分类，最终得到表示图像的类别向量。常用的分类器是多路输出的 Softmax 分类器，由逻辑回归模型变换得到。卷积神经网络通过感受野、共享权重、合并池化减少了网络的参数，使得训练速度更快，而且训练所需的样本更少。

（二）基于卷积神经网络的局部放电模式识别

为了加大深度卷积网络的训练效率和识别效果，首先利用自编码器对样本集数据进行监督预训练，以获取样本集的初步特征，并利用训练所提取的特征对上述的卷积神经网络中的卷积层进行初始化。自编码器是一种将输入信号从目标表达中重构出来的神经网络，利用自编码网络对样本数据进行无监督训练，其隐层学习得到的即是样本数据的特征。此项操作可以在卷积神经网络的训练中应用更少的迭代次数来获取更优的识别效果。

具体实现步骤如下：

（1）对训练样本集数据进行归一化处理。

（2）构建自编码器模型，利用训练样本集数据，对自编码器进行无监督训练。

（3）构建深度卷积网络模型，并利用自编码器所得的模型参数初始化卷积网络的卷积层参数。

（4）利用训练样本集数据对深度卷积网络进行训练。计算样本数据的输出，计算输出与样本标签的误差，利用反向传播（Back Propagation，BP）算法和随机梯度下降法对网络参数进行迭代更新，得到识别模型最优化参数。

（5）对待测试数据进行归一化，输入参数训练好的深度卷积网络模型，得到模式识别结果。

（三）影响卷积神经网络局部放电模式识别的因素

卷积神经网络对局部放电识别的关键影响因素，包含层数、卷积核个数、激活函数、优化算法等。卷积神经网络的层数、卷积核个数、激活函数和优化算法对局部放电的识别精度有一定影响，在构建卷积神经网络的过程中，需要充分考虑这些因素。卷积神经网络中的卷积层和池化层有较优的特征学习能力，可以捕捉到数据的细节特征，提高识别精度。

三、基于数据驱动的电力电缆局部放电风险评估

基于局部放电数据对运行条件下的电力电缆进行风险评估，是对局部放电数据处理的最终目的。风险评估包含对设备、人身和系统整体的损失估计，合理的风险评估模型可以对电力电缆设备的各类危险因素进行分析，并对后续的影响进行预测，对状态检修决策的制定起到决定作用。风险评估通常是故障概率与风险后果损失的期望，其中，电力电缆设备故障概率的计算是关键。

针对运行条件下基于局部放电的电力电缆故障概率计算问题，基于前文中建立的包含运行条件下电力电缆局部放电数据的多源复杂数据集，提出了一种基于数据驱动的电力电缆局部放电故障概率计算方法。从数据的角度理解电力电缆故障概率计算问题，可以将其视为二分类问题，按照判断数据样本是故障样本还是非故障样本的目标训练算法模型。由于算法模型的输出通常为线性方程，因此，输出为故障的概率。

（一）局部放电风险评估模型与流程

风险评估的方法可以分为定性风险分析方法、定量风险分析方法和半定量风险分析方法 3 种。我国的国家电网公司标准 Q/GDW 1903—2013《输变电设备风险评估导则》中将设备风险定义为

$$R = \sum_{1}^{4}(W_i \times R_i) = \sum_{i=1}^{4}(W_i \times p \times L_i) \tag{5-3}$$

式中：p 为设备故障率；L_i 为设备故障引起的不同后果；R_i 为 4 种不同类型的风险；W_i 为 4 种风险的权重系数，该权重系数需要根据不同地区的状况和不同应用对象的需求具体确定。

4 种不同类型的风险分别为设备损失风险、人身环境风险、系统损伤风险和社会损失风险。设备损失风险即设备故障后带来的设备资产损失，包含检修、更换部件或设备整体更换等带来的维修费用。人身环境风险包含人身伤亡和环境污染等风险，需要根据历史案例和当地法律法规来确定。系统损失风险是设备故障导致的电力系统负荷丢失或系统不稳定的风险。社会损失风险是供电中断造成的社会生产中断和对应风险。

总体来看，标准中定义的设备风险本质上为设备故障概率和后果损失的数学期望，求得设备总风险后，即可依据设备风险确定相应的检修策略。风险模型中后果损失部分的计算存在一定的主观性，需要根据具体应用环境和专家经验来确定。

（二）运行条件下电力电缆故障数据定义与数据集建立

首先，需要构建输入局部放电及其相关信息，输出为电力电缆设备故障概率的智能学习模型为构建该模型，需要明确电力电缆局部放电故障概率的定义。定义电力电缆局部放电故障概率为"当前输入条件下未来 1 个月内电力电缆设备发生故障的概率"。另外，由于局部放电具有一定的随机性，根据现场检测经验及对数据的初步分析也可以发现，部分放电现象存在间歇性，不持续出现，间歇期可达数个小时；此外，部分放电现象与时间有关，如中午放电脉冲数多于早上与晚上。为避免单次检测中检测信号的可靠性对局部放电严重程度评估造成影响，应选择多次的检测结果。因此，对于本问题的定义可以等效为："给定一个设备和一个日期，利用其前三个月的局部放电数据，预测给定日期未来 1 个月内电力电缆设备发生故障的概率。"

该问题是一个二分类问题，可以利用有监督机器学习的方法解决。二分类问题下，训练数据的标签为 1 和 0，正例为 1 即有故障，反例为 0 即无故障。将次月发生故障的案例定义为正例，将次月未发生故障的案例定义为反例，利用定好标签的训练数据对评估模型进行有监督训练。当评估模型在完全拟合训练数据的情况下应该输出 0 或 1，实际上由于评估模型输出层是线性方程，因此，其输出结果是 1 的概率 P（二分类问题下 0 的概率即 $1-P$），以该概率作为局部放电严重程度的量化指标。

　　电力电缆设备的绝缘状态是影响其安全稳定运行的主要因素，局部放电检测目前已经成为获取运行条件下电力电缆绝缘状态的主要技术手段，运行条件下的电力电缆局部放电检测数据海量增长，并呈现出多源异构、数据特征复杂等现象，与传统的基于实验环境下的局部放电数据有较大区别。本章利用局部放电模拟实验和运行条件下电力电缆局部放电检测建立的多源复杂数据集，基于深度学习的数据挖掘方法，分析电力电缆局部放电多源复杂数据集的特性，提出了数据归一化与清洗方法、局部放电模式识别、数据匹配和严重程度评估算法，实现了对运行条件下电力电缆局部放电风险的评估分析。

第六章
电力电缆大数据分析技术应用案例

第一节　电力电缆多维数据预处理算法研究

一、数据预处理

算法主要实现多源数据整理与清洗（数据预处理），进行数据存储优化、数据清洗、数据规整等预处理工作；实现剔除离群点、规范采样周期、提高数据质量的功能。通过对传感器设备运行数据的数据清洗、数据持续监测分析，实时发现传感器异常或故障，确保感知层数据准确可信。

数据预处理的主要步骤分为数据清洗、数据集成、数据归约和数据变换，详细步骤如图 6-1 所示。基于数据分布特点、统计特性，剔除掉数据中的离群点，对数据整体分布中的噪声进行处理，在保持数据完整性的同时，降低数据的规模，剔除不相关的属性，并保证信息的损失最小。

为了便于后续分析的时候保持数据自身的物理意义，首先对原始数据做初步的缺失值判断和填充，然后使用传感器异常检测算法对数据进行判断和标记，异常值处理由具体的算法进行决策是否替换或保留，最后再进行数据集成、数据规约和数据变换等数据预处理工作。

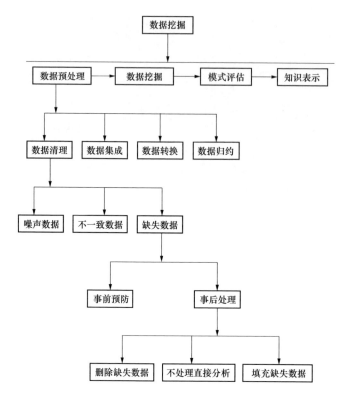

图 6-1　数据预处理流程框架

二、数据清洗

数据清洗（data cleaning）的主要思想是通过填补缺失值、光滑噪声数据，平滑或删除离群点，并解决数据的不一致性来"清理"数据。如果数据是脏乱的，那么输出的结果是不可靠的。数据清洗的具体方法如下：

（一）缺失值处理

基于变量的分布特性和变量的重要性（信息量和预测能力）的不同，主要分为以下几种方法：

（1）删除变量。若变量的缺失率较高（大于 80%），覆盖率较低，且重要性较低，可以直接将变量删除。

（2）统计量填充。若缺失率较低（小于 95%）且重要性较低，则根据数据分布的情况进行填充。对于数据符合均匀分布的情况，用该变量的均值填补缺失；

对于数据存在倾斜分布的情况，采用中位数进行填补。

（3）插值法填充。包括随机插值、多重插补法、热平台插补法、拉格朗日插值、牛顿插值等。

（4）模型填充。使用回归、贝叶斯、随机森林、决策树等模型对缺失数据进行预测。

（5）哑变量填充。若变量是离散型，且不同值较少，可转换成哑变量。

（二）离群点处理

异常值是数据分布的常态，处于特定分布区域或范围之外的数据通常被定义为异常或噪声。异常分为两种："伪异常"，由特定的业务运营动作产生，是正常反应业务的状态，而不是数据本身的异常；"真异常"，不是由特定的业务运营动作产生，而是数据本身分布异常，即离群点。主要有以下检测离群点的方法：

（1）简单统计分析。根据箱线图、各分位点判断是否存在异常。

（2）基于绝对离差中位数（MAD）。这是一种稳健对抗离群数据的距离值方法，采用计算各观测值与平均值的距离总和的方法。

（3）基于距离。通过定义对象之间的临近性度量，根据距离判断异常对象是否远离其他对象。这个方法的缺点是计算复杂度较高，不适用于大数据集和存在不同密度区域的数据集。

（4）基于密度。离群点的局部密度显著低于大部分近邻点，适用于非均匀的数据集。

（5）基于聚类。利用聚类算法，丢弃远离其他簇的小簇。

（三）噪声点处理

噪声是变量的随机误差和方差，是观测点和真实点之间的误差，通常的处理办法包括以下两种：①对数据进行分箱操作，等频或等宽分箱，然后用每个箱的平均数、中位数或者边界值（不同数据分布，处理方法不同）代替箱中所有的数，起到平滑数据的作用。②建立该变量和预测变量的回归模型，根据回归系数和预测变量，反解出自变量的近似值。

三、缺失值处理方法

由于受各种因素的影响，通常最终所获得的各类生产数据不可避免地存在一定程度的缺失。一旦出现数据缺失，就会极大程度地降低样本信息的实际数量，不仅增加数据分析工作的难度，还会使最终分析出来的结果出现误差。

数据主要是为决策做支撑，含有缺失值的数据会影响算法建模决策的准确度。建立错误的模型，会使得前端的决策产生不准确的分析结果和决策，影响项目质量。处理缺失值能保证在数据挖掘的过程中不放弃大量有用的信息，使得挖掘结果更能有效地辅助生产决策者作出正确的判断。

缺失值处理可分为事前预防和事后处理两种方式，事前预防主要是查找缺失值产生的原因，从数据产生端避免缺失值的方式；缺失值事后处理方式如表 6-1 所示。

表 6-1　　　　　　　　　　　缺失值事后处理方式

缺失值处理方式	原理	结论	原因
删除缺失数据	将含有缺失值的数据按缺失程度删除。如将缺失比例大于 80% 的数据进行删除	本案例不可用	本案例中的单条数据指标缺失率为 100%
不处理直接分析	不对缺失值进行过度关注，让模型自行筛选辨别	本案例不可用	目前所用的机器学习模型不支持缺失值建模且对异常值敏感
填充缺失数据	通过对缺失数据设定特定的规则，将缺失的数据转换成符合数据集分布的数据	本案例可用	能保证在数据挖掘的过程中不放弃大量有用的信息，使得挖掘结果更能有效地辅助生产决策者作出正确的判断

缺失值填充方法可分为常量填充和算法填充两类，其中常量填充包括均值填充、中位数填充、众数填充、差值填充等，算法填充包括 KNN、随机森林、MI 算法等。缺失值填充方法如表 6-2 所示。

表 6-2　　　　　　　　　　　缺失值填充方法

所属类型	填补方式	优点	缺点
常量填充	均值、中位数、众数	简单易行，变量本身的数据类型保持不变	当数据缺失量较大时，填补后的新数据集不能显现出原数据集的不确定性，会与实际值造成较大偏差

所属类型	填补方式	优点	缺点
常量填充	随机抽取替代	避免使用常量填充的不足	可解释性不强，会与实际值造成较大偏差
	插值	符合数据变化分布，适用于小范围缺失数据	无法处理大范围缺失，会与实际值造成较大偏差
算法填充	KNN	填补后的数据符合原始数据的变化分布	特征数非常多的时候，计算量大
	随机森林	填补后的数据符合原始数据的变化分布	训练时需要的空间和时间会比较大
	MI	大范围数据缺失情况下效果较好	每轮填补需要使用的系统资源较多

（一）KNN 算法

K 最近邻算法，是数据挖掘技术中最经典的监督学习算法之一。利用 KNN 算法填充，就是把缺失值当作预测量，利用不缺失的数据进行建模训练，最后对缺失值进行预测。

KNN 算法的定义是在一个含未知样本的空间，可以根据样本最近的 K 个样本的数据类型来确定未知样本的数据类型。对于分类问题，KNN 使用投票法，选择 K 个样本中出现最多的类别标记作为预测结果；对于回归问题，KNN 使用平均法，将 K 个样本的实值输出标记的平均值作为预测结果。还有可以基于距离远近程度进行加权平均的方法。

KNN 算法的优点是：准确率相对较高，模型易理解，不需要过多调节参数就可以提高性能。可以处理离散数据，也可以处理连续数据，且算法的时间复杂度较低。

（二）随机森林 RF 算法

随机森林算法，是基分类器为决策树的装袋（bagging）算法，它在装袋（bagging）样本随机的基础上，增加了特征随机。随机森林增强基分类器之间的差异性，相对于单棵决策树，RF 的预测结果更加准确，并且可以输出特征的重要性排序。利用随机森林算法填充，就是把缺失值当作预测量，利用不缺失的数据进行建模训练，最后对缺失值进行预测。

随机森林算法是通过 M 轮自助采样，用每轮采样得到的样本集对应训练一个基分类器，训练时是并行计算的，接着将这些基分类器进行组合成一个强分类器。数据采集使用的是自助采样，随机森林算法是通过样本的扰动来增加基分类器之间的差异性的，差异越大，集成的效果也就越好。

随机森林算法的特点是默认的基分类器使用的是分类回归（cart）树，相比于单棵决策树，预测的准确度会高一些。因为要保证弱分类器之间的差异性，所以随机森林算法的每个弱分类器都不需要剪枝。由于两个随机的思想，即使不剪枝，随机森林算法也不发生过拟合。由于并行训练和特征随机，所以随机森林算法的训练速度要比决策树快。

（三）多重填补 MI 算法

多重填补算法，是一种用两个或更多个可得到且能反映出数据本身的分布概率的值来填补缺失值的方法。针对每一个缺失数据，多重填补法都填补 m 次（$m>1$），因此，第一次填补会产生第一个完整数据集，以此类推，最终将产生 m 个完整数据集。对于得到的每一个完整数据集，都按照标准的完整数据的分析方法进行分析，然后将所得的结果进行综合，最后得到最终的统计推断。

多重填补算法的优点是预测出的结果误差较小，且在大规模缺失的情况下，填充的效果较优。

第二节　电力电缆多维数据预处理案例分析

一、线路 CW1、线路 LT 数据预处理案例分析

以 CW1 和 LT 两条线路数据为例，对两条线路护层电流数据进行分析。两条线路监控设备运行状态较好，两条线路监测数据记录情况如表 6-3 所示。

表 6-3　　　　　　　　　两条线路监测数据记录情况

线路名称	接头数	测量变量	时间跨度
线路 CW1	10	40 个护层电流+10 个操作电压+10 个线路电压	2018 年 1 月 1 日～10 月 16 日

续表

线路名称	接头数	测量变量	时间跨度
线路 LT	14	56 个护层电流+5 个操作电压+5 个线路电压	2018 年 5 月 25 日～10 月 16 日

案例数据存在缺失值，线路 CW1 在 2018 年 7 月 10 日～11 月末的数值为 0，如图 6-2 所示。

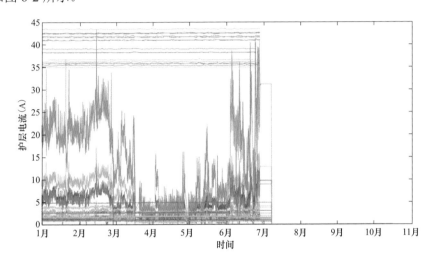

图 6-2　线路 CW1 数据记录（CW1 所有变量曲线）

线路数据采样数值存在异常，线路 CW1 及线路 LT 采样数据存在负值，如图 6-3 和图 6-4 所示。

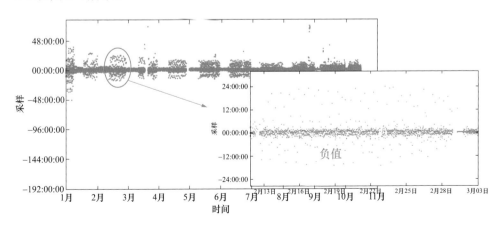

图 6-3　线路 CW1 采样异常记录（CW1 中间接头 01-A 相电流采样间隔）

127

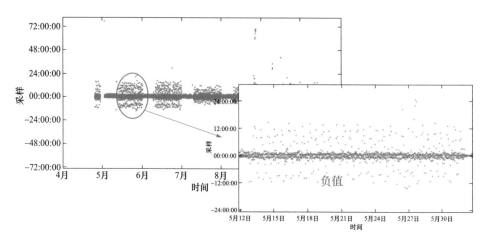

图 6-4　线路 LT 采样异常记录（LT 中间接头 01-A 采样间隔）

线路数据采样时间不稳定，不同护层电流的采样时刻应尽量一致，见表 6-4 和表 6-5。

表 6-4　　　　　　　　　　　　线路 CW1 采样时间记录

序号	A 相电流	B 相电流	C 相电流	总接地电流	操作电压	线路电压
1	00:14:04	00:14:04	00:14:04	00:14:06	26:22:53	26:22:53
2	00:14:04	00:14:05	00:14:05	00:14:06	27:55:22	27:55:22
3	00:10:41	00:14:45	00:10:41	00:07:12	27:02:41	27:02:41
4	00:14:04	00:14:05	00:14:04	00:14:06	27:12:57	27:12:57
5	00:14:04	00:14:04	00:14:06	00:14:07	28:51:35	29:03:17
6	00:13:51	00:13:58	00:14:02	00:13:32	33:01:10	33:01:10
7	00:14:05	00:14:05	00:14:06	00:14:06	00:00:00	00:00:00
8	00:14:05	00:14:05	00:14:06	00:14:07	56:19:11	56:19:11
9	00:14:05	00:14:05	00:14:06	00:14:05	42:05:24	42:05:24
10	00:14:05	00:14:05	00:14:06	00:14:06	34:40:44	34:40:44

注　红圈部分为采样时间不一致。

表 6-5　　　　　　　　　　　　线路 LT 采样时间记录

序号	A 相电流	B 相电流	C 相电流	总接地电流	操作电压	线路电压
1	00:13:03	00:13:04	00:13:04	00:13:06	—	—
2	00:13:03	00:13:04	00:13:04	00:13:06	—	—

续表

序号	A 相电流	B 相电流	C 相电流	总接地电流	操作电压	线路电压
3	00:13:04	00:13:04	00:13:04	00:13:06	—	—
4	00:13:04	00:13:04	00:13:05	00:13:06	—	—
5	00:13:04	00:13:04	00:13:05	00:13:05	—	—
6	00:13:04	00:13:04	00:13:04	00:13:05	—	—
7	00:13:02	00:13:03	00:13:03	00:13:06	—	—
8	00:13:03	00:13:04	00:13:05	00:13:05	—	—
9	00:13:04	00:13:03	00:13:04	00:13:05	—	—
10	00:12:14	00:10:13	00:12:33	00:11:19	57:02:04	57:02:04
11	00:12:06	00:11:00	00:09:14	00:13:05	21:45:52	21:45:52
12	00:10:48	00:09:27	00:06:54	00:08:10	24:35:53	24:35:53
13	00:11:01	00:07:08	00:05:05	00:13:03	25:19:26	25:19:26
14	00:05:49	00:04:17	00:09:36	00:13:04	24:53:54	24:53:54

注　黄色部分为采样时间不一致。

线路数据采样间隔存在异常，线路 CW1 在 2018 年 9 月 8 日早上 5 点 38 分左右数据库中断，所有护层电流均停止记录 28h 24min 之后，即 9 月 9 日上午 10 点数据库恢复之后，数据库采样时刻异常，如图 6-5 所示。

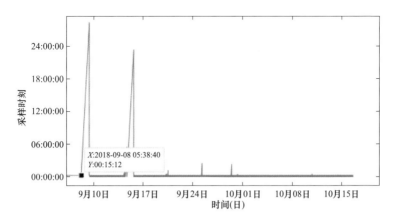

图 6-5　线路 CW1 采样间隔异常记录（CW1 中间接头 01-A 相电流采样间隔）

线路数据采样时刻存在异常，线路 LT 在 2018 年 9 月 8 日早上 5 点 38 分左右数据库中断，所有护层电流均停止记录 28h 32min 之后，即 9 月 9 日上午 10 点

10 分左右数据库恢复之后，数据库采样时刻异常。

存在采样时刻重复：即只采了一个数，重复记录两次；或是在不同时刻采集了两次数据，但时间戳记录的一样。采样时刻重复的点，采样值也重复，见表 6-6。

表 6-6　　　　　　　　　　线路 LT 采样时刻重复记录

序号	A 相电流（%）	B 相电流（%）	C 相电流（%）	O 相电流（%）
1	1	1	1	1
2	1	1	1	1
3	1	1	1	1
4	1	1	1	1
5	1	1	1	1
6	1	1	1	1
7	1	1	1	1
8	1	1	1	1
9	1	1	1	1
10	99.97	99.86	1	99.86
11	99.97	1	99.98	1
12	1	1	99.96	1
13	99.98	99.97	99.91	1
14	99.96	1	1	1

二、BX 线数据预处理案例分析

BX 线监控数据记录情况见表 6-7。

表 6-7　　　　　　　　　　BX 线监控数据记录情况

名称	数据情况说明
光纤测温	同一时刻测量多次（多为 3 次），且测量值均相等
BX 线 12 号中间接头接地电流	测量值全为 0
BX 线 06 号中间接头接地电流	测量值全为 0
BX 线 06 号中间接头接地电流	测量值全为 0
BX 线 15 号中间接头接地电流	测量值全为 0
BX 线 15 号中间接头接地电流	测量值全为 0

（一）数据清理及预处理

（1）由于数据的采样时间间隔不均匀，通过计算采样时间间隔，绘制 BX 线采样时间记录，见图 6-6。由图 6-6 可以分析得到，可以采用 15min 作为重采样的采样周期。

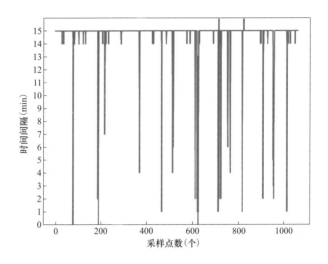

图 6-6　BX 线采样时间记录

（2）重采样。将所有的数据的采样时刻固定为从 0:00:00 开始，间隔 15min。采用线性插值的方式来计算重采样每个采样时刻的测量值，并将重采样后的数据表格存储为.csv 文件。

（3）对"01 光纤测温"记录（sheet）的数据进行去重处理，每一个时刻只保留一行值。

（4）对测量值全为 0 或者表格为空的情况，自动认定为数据缺失，不进行任何分析。

（二）对"光纤测温"的分析

（1）绘制 15d 的温度曲线（2020 年 1 月 1 日～1 月 15 日），如图 6-7 所示。

（2）给出最大温度出现的时间，如图 6-8 所示。

（三）对"BX 线 3 号中间接头接地电流"的分析

（1）绘制原始数据 15d 的测量值曲线+平均值（2020 年 1 月 1 日～1 月 15 日），

如图 6-9 所示。

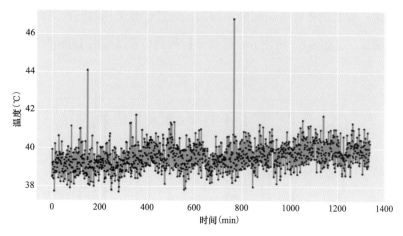

图 6-7　BX 线 15d 温度曲线（光纤测温）

```
The°maximum°temperature:°46.8
The°maximum°temperature°occurs°at°2297°°°°2020-01-09°00:12:01
2298°°°°2020-01-09°00:12:01
2299°°°°2020-01-09°00:12:01
```

图 6-8　BX 线最大温度出现时间

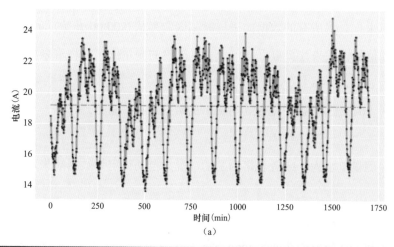

（a）

```
Average:
19.203411764705887
```

（b）

图 6-9　BX 线 15d 的测量值曲线 2+平均值（BX 线 3 号中间接头接地电流）

（a）测量值曲线；（b）平均值

（2）绘制重采样后，1 年内的日平均测量值曲线（2020 年 1 月 1 日～11 月 14 日），如图 6-10 所示。

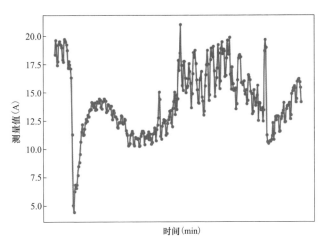

图 6-10　BX 线重采样后 1 年内的日平均测量值曲线（BX 线 3 号中间接头接地电流）

（3）绘制重采样后，1 年内的月最大测量值曲线（2020 年 1 月～11 月），如图 6-11 所示。

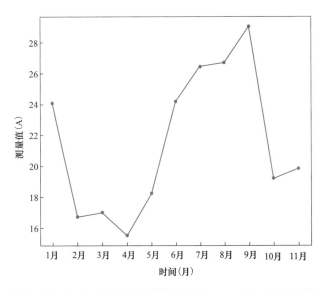

图 6-11　BX 线重采样后 1 年内的月最大测量值曲线（BX 线 3 号中间接头接地电流）

（四）对"BXXZM 站 GIS 终端接地电流"的分析

（1）绘制原始数据 15d 的测量值图线+平均值（2020 年 1 月 1 日～1 月 15 日），

如图 6-12 所示。

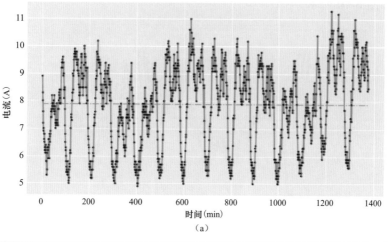

Average:
7.8770682148040665

（b）

图 6-12　BX 线 15d 的测量值曲线+平均值（BXXZM 站 GIS 终端接地电流）

（a）测量值曲线；（b）平均值

（2）绘制重采样后，1 年内的日平均测量值曲线（2020 年 1 月 1 日～11 月 14 日），如图 6-13 所示。

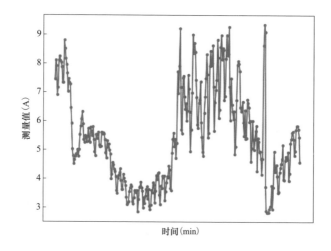

图 6-13　BX 线重采样后 1 年内的日平均测量值曲线（BXXZM 站 GIS 终端接地电流）

（3）绘制重采样后，1 年内的月最大测量值图线（2020 年 1 月～2020 年 11 月），如图 6-14 所示。

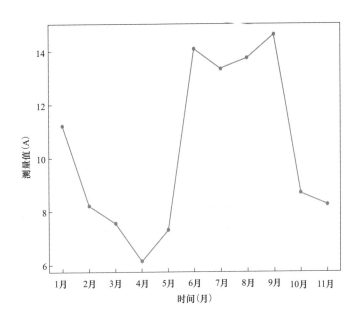

图 6-14　BX 线重采样后 1 年内的月最大测量值曲线（BXXZM 站 GIS 终端接地电流）

（五）对"XZM 站负荷"的分析

绘制图线并计算测量值与负载率的相关性（测量值和负载率之间的关系），结果如图 6-15 所示。通过计算"XZM 站负荷"和"BLZ 站负荷"中的测量值与负载率的相关性系数十分接近 1，所以猜测测量值与负载率两者可以通过某种线性运算公式相互推导。

（六）对"BX 线 3 号中间接头接地电流"与"BX 线 6 号中间接头接地电流"的相关性分析

通过数据清洗，将两张表格的时标对齐，时标允许误差为±10s。删除掉未能对齐的时刻的测量值。绘制图线并计算相关系数，如图 6-16 所示。得出结论："BX线 3 号中间接头接地电流"与"BX 线 6 号中间接头接地电流"的测量值具有相关性。

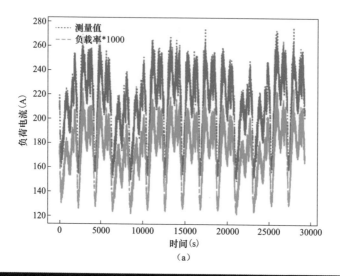

（a）

The°correlation°coefficient:°0.9999990846596856

（b）

图 6-15　站端负载率相关性分析（XZM 站负荷）

（a）绘制曲线；（b）相关系数

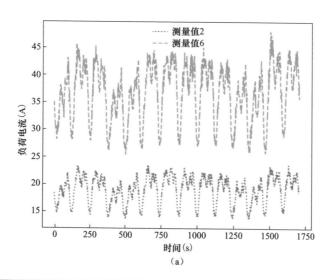

（a）

The°correlation°coefficient:°0.9834320547728219

（b）

图 6-16　BX 中间接头 03 相关性分析（记录 2 与记录 6 对比）

（a）绘制曲线；（b）相关系数

三、线路 MH 数据分析处理案例分析

（一）数据情况

案例对线路 MH 数据的时间、空间跨度，采样率，异常传感器筛选和数据一致性四部分的分析，最大、最小采样率如图 6-17 和图 6-18 所示，其中最大采样率（间隔）为 16.0、93.8h，最小采样率为 0，存在重采样情况。分析结果表明：

（1）线路共 13 个接头，50 个传感器，共 520 天数据，数据采样频率为 900s。

（2）211000001、211000002 这两个接头缺少接地相数据，且时间跨度较短，存在数据缺失情况。

（3）前 11 个接头存在 16h 间断采集情况，可能对应于历史异常事件。

（4）大部分接头存在数据重采情况，且部分传感器存在某些数值无法采集的问题。

（5）第 27、29、30、32、33 号接头的接地相数据无波动且基本接近于 0，不同传感器间一致性较差。

数据存在以天为单位的周期性变化趋势，但由于采样率较低（15min/个），电流曲线毛刺较多，对聚类算法效果可能会产生影响。

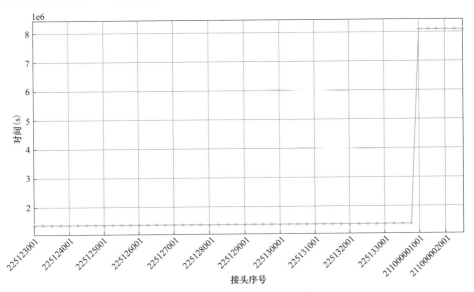

图 6-17　线路 MH 最大采样率情况

137

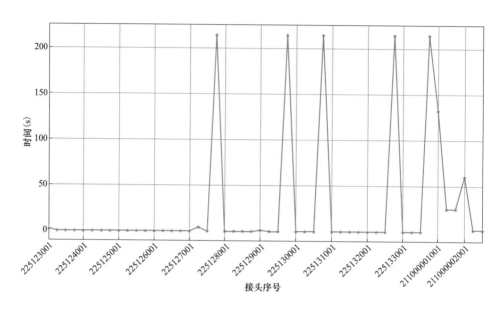

图 6-18　线路 MH 最小采样率情况

以某一传感器数据为例，展示采样间隔分布情况，可以看出有一个比较稳定出现的采样间隔，即 900s（15min），如图 6-19 所示。平均采样率情况如图 6-20 所示。其他大部分接头存在类似分布，不再一一列出。

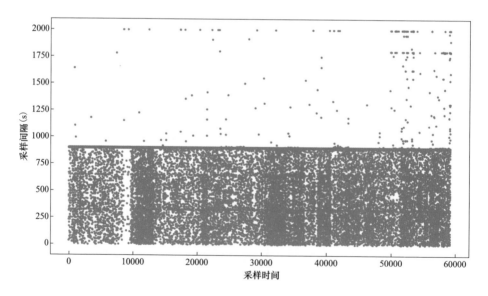

图 6-19　线路 MH 采样间隔

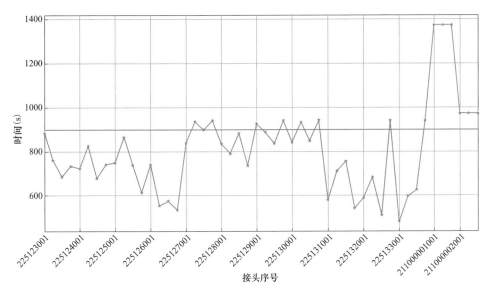

图 6-20　线路 MH 平均采样率

（二）数据插值、规整

根据平均采样率等指标判断，推测数据采样间隔为 15min，因此，对原始数据进行了以 15min/个的数据插值。数据规整比率=原始样本个数/数据规整（插值，固定时间戳）样本个数，反映了数据重采、漏采的情况。数据规整比率 100 表示原始数据个数大于或等于规整后的数据个数（大于 100 的置为 100），如图 6-21 所示。

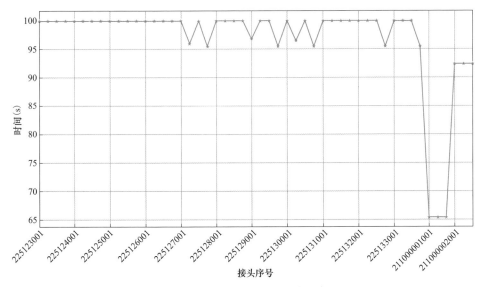

图 6-21　线路 MH 数据规整比率

前 11 个接头的原始数据示例如图 6-22 所示，后两个接头的原始曲线示例如图 6-23 所示。

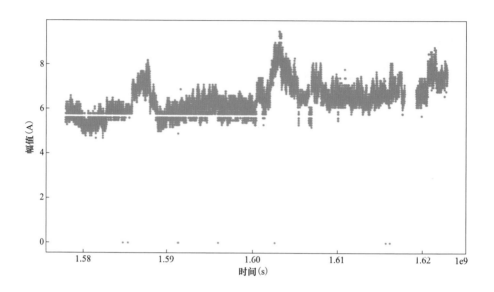

图 6-22　线路 MH1-11 号接头原始数据示例

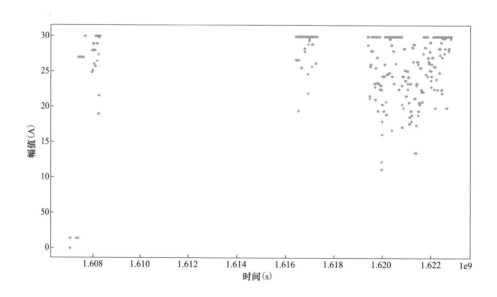

图 6-23　线路 MH12-13 号接头原始数据示例

数据规整后数据曲线如图 6-24 所示，为了进一步分析数据变化规律，绘制连续 21d 的数据变化曲线如图 6-25 所示。

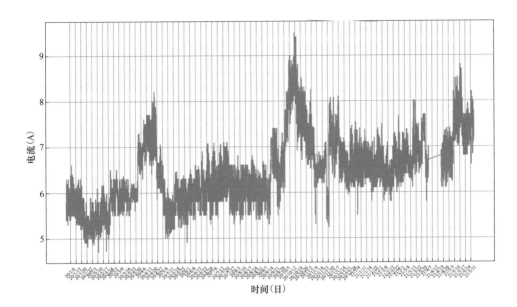

图 6-24　连续 21d 数据变化曲线

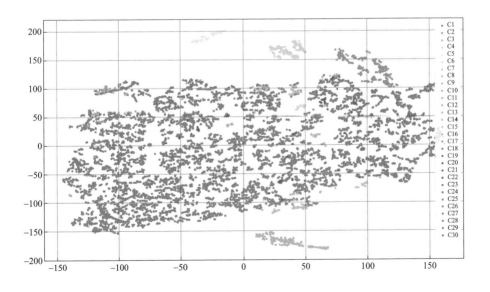

图 6-25　特征分布情况

第三节　基于 SdA-t-SNE 和 DBSCAN 的时空特征提取与聚类算法案例分析

一、参数设定

在算法中，需要首先设置 SdA、t-SNE 和 DBSCAN 的参数（或超参数）。

对于 SdA 而言，与一般深度学习的方法类似，并没有标准或通用的方法来设定网络的超参数，常见的神经网络调参方法主要通过反复试验结合人工经验来优化其结构参数。同时，在参数选择过程中，我们也参考了深度神经网络的参数设置建议，如在避免过度拟合的前提下采用尽可能深的网络结构等技巧。因此，在基于 SdA-t-SNE 和 DBSCAN 的聚类算法第 1 步中，为数据添加的高斯噪声服从均值为 0，方差为 0.01 的正态分布；在第 2 步中采用 5 层的 SdA，每层编码器的输出维度分别为 400、200、100、50 和 7。

对于 t-SNE 而言，困惑度参数（perplexity）对 t-SNE 的影响不大，项目中我们将困惑度参数（perplexity）设置为 15。此外，t-SNE 的结果一般为二维或三维（即 α=2 或 3），在本案例中取 α=2。对于 DBSCAN 模型，其参数设置可以遵循一定的规则，根据该规则，在本文中 Eps 和 MinPts 分别设置为 7 和 3。

二、案例分析

对线路 WQ 护层电流聚类分析，该条线路共有 5 个交叉互联的接头，由于接头有两处的传感器数据丢失，因此，整个数据集包含 5 个位置共 18 个传感器的历史数据。其中，采样时间间隔为 15min，故"天样本"为维度 d=96。本案例将 144d 的数据记为矩阵，矩阵的每一行是一个样本，样本的总数目为 18×520=9360（18 个传感器、520d），每个样本的维数为 96。

基于设定的参数，采用基于 SdA-t-SNE 和 DBSCAN 的聚类算法对护层电流历史数据进行聚类。图 6-25 给出了算法所提取的二维特征在特征空间中的分布情况，其中每个点对应矩阵中的一个行向量，图的两个轴 $y1$ 和 $y2$ 对应行向量的两个维度。进一步展示了基于这些二维特征采用 DBSCAN 算法进行聚类的结果，图中的不同颜色代表不同的类，可以看到所有样本被划分成了 5 个类，其中有 4 个类涵盖了大部分样本。因此，为了更加清晰地展示聚类结果的合理性，图 6-26 给出了最主要的 4 个类（聚类 1~4）的样本曲线：可以看出，每个类中的护层电流曲线具有类似的变化规律，而不同类之间的护层电流曲线之间有较明显的区别。

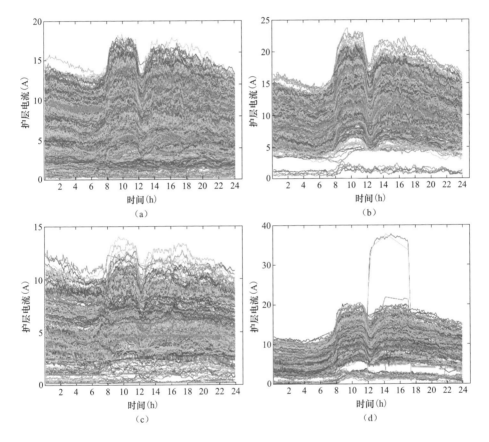

图 6-26 聚类 1~4 样本曲线

（a）聚类 1 曲线；（b）聚类 2 曲线；（c）聚类 3 曲线；（d）聚类 4 曲线

护层电流信号是时空信号，电力电缆是时空系统，因此，在聚类结果的基础上，还通过进一步的时空分析挖掘其中蕴含的信息，给出电力电缆可能处于的模态及其物理意义。

第四节　基于 SBD 的护层电流异常检测算法案例分析

一、基于 SBD 的异常检测统计量

对于数据挖掘结果中的正常模态 $c(c=1,\cdots,c)$，可以计算各模态的中心曲线 μ^c。对于样本 x_i（即"天样本"数据集的第 i 个样本），根据计算它到第 c 类中心曲线的 SBD，即

$$d_i^c = 1 - \max_w \left[\frac{CC_w(x_i, \mu^c)}{\sqrt{R_0(x_i, x_i) R_0(\mu^c, \mu^c)}} \right] \tag{6-1}$$

式中：x_i 为需要计算距离的时序序列；w 为位移次数；$R_0(\ )$ 为内积操作符；$CC_w(\ )$ 为互相关系数计算式。

SBD 能够很好地衡量护层电流"天样本"间形状的差异性，样本到各中心曲线的距离反映了该样本与各模态中心曲线的相似程度，距离越小代表与中心曲线越相似，也就说明新来样本越有可能属于正常模态。因此，我们将 d_i^c 视为统计量，以监控新来的样本曲线 x_i 是否正常。d_i^c 越大，说明新样本与正常模态中心曲线越不相似，所以只需要判断 d_i^c 是否超过上控制限 D_{UCL}^c 即可。因此，在离线建模阶段，我们首先利用核密度估计的方法估计 d_i^c 的概率密度函数，进而得到在置信度为 α 时的上控制限 D_{UCL}^c。

另一方面，根据计算 d_i^c 时，使得 NCC_w 最大的参数 w，即

$$w_i^c = \arg\max_w \left[\frac{CC_w(\mu^c, x_i)}{\sqrt{R_0(\mu^c, \mu^c) R_0(x_i, x_i)}} \right] \tag{6-2}$$

式中：w_i^c 为最终聚类中心；w 为第 k 个聚类集群；x_i 为第 i 个集群初始质心。

反映了样本 x_i 与中心曲线 μ^c 的对齐情况。因为几个正常模态的曲线趋势都高度一致，这种一致性不仅体现在幅值的高低起伏一致，也体现在一天当中的波峰、波谷出现的时间也十分接近。由于护层电流与电力电缆负载电流相关性强，所以这些波峰、波谷也一定程度上反映了用户的用电情况，实际中用户的用电高峰期和低谷期出现时

间是基本不变的。这种不变性可以用 w_i^c 描述，即属于同一正常模态 c 的两条护层电流"天样本" x_i 和 x_j，它们相对于中心曲线 μ^c 的偏移量 w_i^c 和 w_j^c 应基本相同。

令 $x = x_i$，$y = x_j$，则当 $w_i^c \in [m, 2m-1]$ 时，x_i 向右平移，且 w_i^c 数值越小表示 x_i 相对于中心曲线平移得越少，即峰值位置越相近；而当 $w_i^c \in (0, m)$ 时，表示 x_i 向左平移，w_i^c 越大表示 x_i 与中心曲线峰值位置越相近。鉴于以上分析，为了更直观地分析偏移情况，我们记

$$s_i^c = w_i^c - m$$

$$= \arg\max_w \left[\frac{CC_w(\mu^c, x_i)}{\sqrt{R_0(\mu^c, \mu^c) R_0(x_i, x_i)}} \right] - m \tag{6-3}$$

式中：w_i^c 为最终聚类中心；w 为第 k 个聚类集群；x_i 为第 i 个集群初始质心。

为统计量 s_i^c，用于监控新来样本相对于各模态中心曲线的"相位"对齐（峰值错位）情况，此时，s_i^c 相对于 0 的距离越小，表示样本峰值 x_i 位置与 μ^c 越接近。但对应的 s_i^c 控制限，我们不会采用基于核密度估计的方法，这是因为 s_i^c 只能取 $[-m, m-1]$ 内的任意整数，且对于训练集来说，各个模态的样本偏移量十分相近，也就是训练集可能只有很少的几种数值，这种情况选用核密度估计效果并不好。所以对于训练集样本 s_i^c 的上下控制限 S_{UCL}^c 和 S_{LCL}^c 的计算，本节会统计各模态 s_i^c 的最小值和最大值，并上下浮动 inl 得到，即

$$S_{UCL}^c = \max(S_i^c) + inl$$

$$S_{LCL}^c = \max(S_i^c) - inl \tag{6-4}$$

添加 inl 主要是为了避免 s_i^c 训练集分布过于集中而造成在线检测时的大量误报，提高算法的鲁棒性。inl 的大小一般根据训练集 s_i^c 的分布情况确定。

至此，我们定义了统计量 d_i^c 和统计量 s_i^c 来监控样本与正常模态中心曲线的形状相似度和"相位"对齐情况，并分别给出其控制限估计方法，案例中利用这两个统计量进行护层电流的异常检测。

二、护层电流异常检测算法案例分析

为了验证本方法的有效性，选取线路 WQ 数据作为训练集，以模态挖掘结果为基础，采用同一条线路的数据作为测试集。在本次实际数据的测试中，我们详

细分析了该线路护层电流的建模与检测问题。

根据每类样本数多少、样本趋势等多个特征，选取了 4 个正常类：周二至周六正常模态、周日正常模态、周一正常模态和假期正常模态。但是，由于假期正常模态并没有像前 3 类一样具有明显的周期性特性，且类内样本趋势也很不一致，因此，在数据挖掘结果进行离线建模时，仅选用前 3 类作为训练集。

依据 SBD 距离，确定当前样本的历史最相似曲线，相似度达到 0.9558。进而推理确定模态、处置方式等信息，如图 6-27 和图 6-28 所示。

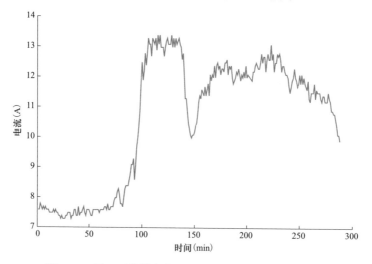

图 6-27　周一正常模态曲线（170102 1A 号护层电流）

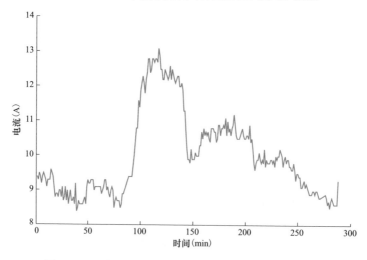

图 6-28　历史相似模态曲线（170123 1A 号护层电流）

第七章
总结与展望

第一节 总 结

随着物联网的快速发展，以及大数据技术的深度应用，电力电缆及相关附属设施的在线监测、维护和优化也取得了显著的进步。通过深入挖掘和分析海量数据，能更好地理解电力电缆设备的运行状态，预防故障发生，从而保障电力系统的稳定运行。然而，电力电缆设备的大数据处理和分析面临着很多挑战，比如数据的采集、存储、传输，以及分析建模等。本书就是针对这些问题进行研究，并提出了一些新的方法和技术，主要的工作和创新性成果如下：

（1）电力电缆的在线监测系统会产生大量的多源数据，如接地电流、局部放电、温度等数据。现有的基于接地电流的电力电缆异常检测方法主要基于机理模型，但这些模型无法适应现实中复杂的电力电缆状态和环境，因此，需要寻找新的电力电缆状态监测手段。针对这个问题，本书提出了一种基于无监督学习的电力电缆接地电流模态识别方法。这种方法首先采用时空聚类进行电流数据的时间和空间模态挖掘，用基于 SdA-tSNE 与 DBCSAN 的聚类方法对原始数据进行处理，将各位置的数据以天进行分割，对天样本进行特征提取并进行密度聚类。对于聚类结果，通过计算 3 个指数（CRI、CPI、CSI）对数据进行模态分类，将电流数据自动分为全局周期性、局部周期性、全局偶然性、局部偶然性 4 类模态。

147

然后对聚类结果进行自动分析，提出有意义的挖掘结果。下一步，通过模式匹配实现异常检测，这种方法无需依赖异常样本的历史数据，解决了已有数据驱动方法需要大量异常样本的问题。通过对某电力电缆线路护层电流数据的测试，证明了该方法的有效性。这种方法更注重电流趋势的一致性，而不是幅值，并且它能够对应实际的时间周期，比如周一、周二到周六、周日的模态。总的来说，这个基于无监督学习的电力电缆接地电流模态识别方法解决了现有方法无法适应复杂电力电缆状态和环境的问题，提高了电力电缆状态监测能力，对于电力电缆运维有着重要意义。

（2）针对电力电缆在线局部放电检测的工作，本书提出了一种基于机器学习的电力电缆局部放电模式识别方法。这项工作面临的主要问题是复杂的环境噪声干扰，以及由于电力电缆设备在不同时间下负荷率和温度的波动导致的检测数据存在区别。为了解决这些问题，提出了一种利用深度学习的方法。首先，利用自编码网络对样本数据进行无监督预训练，获取卷积层初始参数。然后，以 CNN 为基础模型，通过卷积、池化及反向传播等操作，达到识别参数最优化。这种方法有效地抑制了干扰信号，提高了复杂场景海量局部放电数据的模式识别准确率。并且，通过对多源局部放电大数据特征映射提取，成功地应对了不同时间下的检测数据的区别。因此，这种基于深度卷积网络的局部放电大数据模式识别方法，不仅解决了复杂环境噪声干扰的问题，提高了模式识别的准确性，也提高了对复杂场景的适应性，实现了显著的成效。

（3）本书通过一些具体的应用案例，详细地展示了电力电缆大数据分析技术在实际中的应用效果。这些案例包括电力电缆多维数据预处理、时空特性提取与聚类，以及护层电流异常检测等。这些案例不仅验证了本书提出的方法和技术的有效性，也为电力电缆大数据处理提供了实际可行的应用实例。

1）在电力电缆多维数据预处理方面，深入研究了数据预处理算法，并在实际案例中进行了应用。从而认识到，对电力电缆的多维数据进行预处理是实现高效数据分析的关键步骤。本书提出的预处理算法能有效处理噪声，减少数据维度，使得后续的数据分析更加准确和高效。

2）在时空特性提取与聚类方面，本书提出了基于 SdA-t-SNE 和 DBSCAN 的时空特性提取与聚类算法。这种算法能够从电力电缆的多维数据中提取出有用的时空特性，并进行有效的聚类。这对于理解电力电缆设备的运行状态，预测故障具有重要的参考价值。

3）在护层电流异常检测方面，使用了基于 SBD 的护层电流异常检测算法。这种算法能够实时检测电力电缆设备的护层电流是否存在异常，从而在电力电缆设备发生故障前进行预警，保障电力系统的稳定运行。

总的来说，本书对电力电缆设备的大数据处理进行了系统的研究，提出了一系列创新性的方法和技术。这些研究成果不仅能够推动电力电缆设备大数据处理技术的发展，也将对保障电力系统的稳定运行产生积极影响。在未来，还将继续深入研究，以应对电力电缆设备大数据处理中出现的新问题和挑战。

第二节　展　　望

随着电力系统的数字化和智能化趋势的不断加强，电力电缆设备大数据的处理与分析将扮演越来越重要的角色。本书提出的一系列技术和方法已经在一定程度上解决了电力电缆设备大数据处理面临的各种挑战，但同时也必须认识到，随着电力系统复杂性的增加，新的挑战和问题也将不断出现。

在未来，将持续关注以下几个方面的研究：

（1）更高效的数据处理技术。随着电力电缆设备的数据量和数据种类的不断增加，如何更有效地收集、存储、处理和利用这些数据将是一个持续的挑战。将继续探索新的数据处理技术和算法，提升数据处理效率，同时确保数据的安全和完整性。

（2）更智能的分析模型。随着人工智能和机器学习技术的不断发展，如何利用这些先进技术更准确地分析电力电缆设备的状态，预测可能的问题，提前进行预警和干预，将是未来研究的重点。

（3）数据融合和跨领域应用。未来的电力系统将更加依赖于各种类型的数据，如物联网数据、社会经济数据等。如何将这些数据有效地融合到电力电缆设备的大数据处理中，提升数据处理和分析的全局视角和深度，是一个值得深入研究的课题。

（4）数据驱动的电力电缆设备设计和运营优化。电力电缆设备大数据不仅可以用于设备的状态监测和故障预警，也可以用于指导设备的设计和运营优化。如何利用大数据技术提升电力电缆设备的运行效率和服务质量，将是未来研究的重要方向。

总的来说，虽然电力电缆设备大数据的处理与分析领域已经取得了很多进展，但仍然存在很多未知的领域，等待技术人员去探索和研究。期待在未来的研究中，能够提出更多创新的方法和技术，推动电力电缆设备大数据处理技术的发展，为电力系统的稳定运行和发展做出更大的贡献。

参 考 文 献

［1］GAO J，JIANG Z，ZHAO Y，et al. Full distributed fiber optical sensor for intrusion detection in application to buried pipelines［J］. Chinese optics letters，2005，3（11）：633-635.

［2］张在宣，金尚忠，王剑锋，等. 分布式光纤拉曼光子温度传感器的研究进展［J］. 中国激光，2010，37（11）：2749-2761.

［3］王萍萍，孙凤杰，崔维新. 电力电缆接头温度监控系统研究［J］. 电力系统通信，2006，27（2）：59-61.

［4］彭超，赵健康，苗付贵. 分布式光纤测温技术在线监测电缆温度［J］. 高电压技术，2006，32（8）：43-45.

［5］罗俊华，周作春，李华春，等. 电力电缆线路运行温度在线检测技术应用研究［J］. 高电压技术，2007，33（1）：169-172.

［6］JUNG C K，LEE J B，KANG J W，et al. Sheath current characteristic and its reduction on underground power cable system［C］. Power Engineering Society General Meeting，2005. IEEE，2005：2562-2569.

［7］特高压交流输电技术研究成果专辑：2005 年［M］. 北京：中国电力出版社，2006.

［8］陈嵩. 浅谈高压电缆护层电流监测设备的研制［J］. 科技风，2015（4）：60-61.

［9］张彦辉，张洪青. 北京电力隧道现状及检测技术研究［J］. 中国电力教育：2013（3）：178-179.

［10］张焕云. 220kV 香铁线电缆隧道综合智能监控系统的研究［D］. 济南：山东大学，2015.

［11］曹华. 电力电缆隧道综合监控系统研究与应用［D］. 北京：华北电力大学，2013.

［12］艾福超. 高压电缆及电缆隧道综合监控系统研究与应用［D］. 济南：山东大学，2015.

［13］DONG X，YUAN Y，GAO Z，et al. Analysis of cable failure modes and cable joint failure detection via sheath circulating current［C］. Electrical Insulation Conference （EIC），2014. IEEE，2014：294-298.

［14］DONG X. Sheath current in underground cable systems and cable fault diagnosis via sheath current monitoring [D]. Glasgow Caledonian University，2014.

[15] DONG X，YANG Y，ZHOU C，et al. On-line Monitoring and Diagnosis of HV Cable Faults by Sheath System Currents [J]. IEEE Transactions on Power Delivery，2017.

[16] ZHOU C，YANG Y，LI M，et al. An integrated cable condition diagnosis and fault localization system via sheath current monitoring [C]. Condition Monitoring and Diagnosis（CMD），2016 International Conference on. IEEE，2016：1-8.

[17] WANG Q，TANG C，WU G，et al. Fault location in the outer sheath of power cables [J]. Journal of Power Technologies，2014，94（4）：250.

[18] SUN Y，OVERBYE T J. Visualizations for power system contingency analysis data [J]. IEEE Transactions on Power Systems，2004，19（4）：1859-1866.

[19] 郭灿新，张丽，钱勇，等. XLPE 电力电缆中局部放电检测及定位技术的研究现状 [J]. 高压电器，2009，3.

[20] JUDD M D，YANG L，HUNTER I B B. Partial discharge monitoring of power transformers using UHF sensors. Part I：sensors and signal interpretation [J]. IEEE Electrical Insulation Magazine，2005，21（2）：5-14.

[21] TIAN Y，LEWIN P L，WILKINSON J S，et al. Continuous on-line monitoring of partial discharges in high voltage cables [C]. Electrical Insulation，2004. Conference Record of the 2004 IEEE International Symposium on. IEEE，2004：454-457.

[22] PAOLETTI G，GOLUBEV A. Partial discharge theory and applications to electrical systems [C]. Pulp and Paper，1999. Industry Technical Conference Record of 1999 Annual. IEEE，1999：124-138.

[23] 钱天宇. 世博 500kV 电力电缆隧道监控系统 [D]. 上海：上海交通大学，2011.

[24] 黄慧. 电缆隧道综合监控平台的设计与实现 [D]. 武汉：华中科技大学，2013.

[25] LIAO Y，FENG B，GU X，et al. Application of the online partial discharge monitoring for the EHV XLPE cable system [C]. Condition Monitoring and Diagnosis （CMD），2016 International Conference on. IEEE，2016：896-899.

[26] CHEN M，URANO K，ZHOU Z，et al. Application study of variable PD sensors for PD

measurement of power cable circuit in operation［C］. Condition Monitoring and Diagnosis
（CMD），2016 International Conference on. IEEE，2016：118-122.

［27］RAYMOND W J K，ILLIAS H A，MOKHLIS H. Partial discharge classifications：Review
of recent progress［J］. Measurement，2015，68：164-181.

［28］MA H，CHAN J C，SAHA T K，et al. Pattern recognition techniques and their applications
for automatic classification of artificial partial discharge sources［J］. IEEE Transactions on
Dielectrics and Electrical Insulation，2013，20（2）：468-478.

［29］ROBLES G，PARRADO-HERNÁNDEZ E，ARDILA-REY J，et al. Multiple partial discharge
source discrimination with multiclass support vector machines［J］. Expert Systems with
Applications，2016，55：417-428.

［30］VENKATESH S，JAYALALITHA S，GOPAL S. Mixture density estimation clustering based
probabilistic neural network variants for multiple source partial discharge signature analysis
［J］. Journal of Applied Sciences，2014，14（14）：1496.

［31］CHEN J，DOU Y，WANG Z，et al. A novel method for PD feature extraction of power cable
with renyi entropy［J］. Entropy，2015，17（11）：7698-7712.

［32］龙菲，杜富豪. 城市电缆隧道有害气体监测系统［J］. 科技展望，2014，19：74.

［33］赖磊洲. 电缆隧道环境在线监测系统的研究与设计［D］. 广州：华南理工大学，2012.

［34］黄楷焱，易游丽，王雪松，等. 电缆隧道塌陷监测装置的测试研究［J］. 科技资讯，2013
（20）：66-67.

［35］井盖监控系统在北京地区电力隧道的应用. 中国电力企业联合会. 2009 年电力设施保护工
作交流大会论文集［C］. 中国电力企业联合会科技开发服务中心，2009. 12.

［36］江智洲. 城市电力电缆隧道智能监控预警系统的应用［J］. 中国安防，2015（24）：20-25.